内蒙古自治区 农作物普查与征集
蔬菜种质资源汇编

庞 杰 王葆生 刘湘萍 编著

U0306653

中国农业科学技术出版社

图书在版编目（CIP）数据

内蒙古自治区农作物普查与征集蔬菜种质资源汇编 /
庞杰，王葆生，刘湘萍编著 . -- 北京：中国农业科学技
术出版社，2024.2

ISBN 978-7-5116-6719-9

Ⅰ . ①内… Ⅱ . ①庞… ②王… ③刘… Ⅲ . ①蔬菜—
种质资源—介绍—内蒙古 Ⅳ . ① S630.24

中国国家版本馆 CIP 数据核字（2024）第 049593 号

责任编辑 李 华
责任校对 李向荣
责任印制 姜义伟 王思文

出 版 者 中国农业科学技术出版社
北京市中关村南大街 12 号 邮编：100081
电 话 （010）82109705（编辑室） （010）82106624（发行部）
（010）82109709（读者服务部）
网 址 https://castp.caas.cn
经 销 者 各地新华书店
印 刷 者 北京建宏印刷有限公司
开 本 170 mm×240 mm 1/16
印 张 8.25 彩插 20 面
字 数 171 千字
版 次 2024 年 2 月第 1 版 2024 年 2 月第 1 次印刷
定 价 85.00 元

目　录

第一章

葱蒜类蔬菜

葱蒜类蔬菜又称鳞茎类蔬菜，是重要的蔬菜和调味品，是石蒜科葱属中以嫩叶、假茎、鳞茎或花薹为食用器官的一类蔬菜，二年生或多年生草本植物，包括洋葱、大蒜、韭菜、大葱、香葱、韭葱、薤等。本次普查与征集的葱蒜类蔬菜种质资源共57份，其中韭菜19份、大葱33份、香葱1份、洋葱3份、大蒜1份。

第一节　韭　菜

一、概述

韭菜（*Allium tuberosum*）是石蒜科葱属多年生草本植物，原产于我国，具特殊强烈气味，以食用叶片为主，部分食用花和茎，种子等可入药。按其食用器官可分为根韭、叶韭、花韭和叶花兼用韭 4 种类型，目前栽培最普遍的属于叶花兼用韭。韭菜适应性强，抗寒耐热，全国各地均有栽培。本次普查与征集共获得韭菜种质资源 19 份，均属于叶花兼用韭类型。

二、种质资源分布

本次普查与征集共获得韭菜种质资源 19 份，分布在 9 个盟（市）的 18 个旗（县、市、区）（表 1–1、表 1–2）。

表 1–1　普查与征集获得韭菜种质资源分布情况

序号	盟（市）	旗（县、市、区）	种质资源数量
1	包头市	达尔罕茂明安联合旗	1
2	兴安盟	突泉县	1
3	通辽市	霍林郭勒市、开鲁县、科尔沁左翼后旗、库伦旗、奈曼旗	5
4	赤峰市	巴林左旗、林西县	2
5	乌兰察布市	丰镇市	1
6	鄂尔多斯市	伊金霍洛旗	1
7	巴彦淖尔市	临河区、乌拉特中旗	2
8	阿拉善盟	阿拉善左旗、额济纳旗、阿拉善右旗	4
9	呼伦贝尔市	根河市、牙克石市	2

表 1–2　普查与征集获得韭菜种质资源特征信息

序号	旗（县、市、区）	种质名称	播种期	收获期	主要特性
1	达尔罕茂明安联合旗	达茂韭菜	5 月中旬	9 月中旬	优质，抗病，广适
2	突泉县	本地小叶韭菜	5 月中旬	8 月中旬	优质，抗病，耐寒，其他

（续表）

序号	旗（县、市、区）	种质名称	播种期	收获期	主要特性
3	霍林郭勒市	马莲韭菜	5月上旬	9月下旬	高产，优质，抗旱，耐寒
4	开鲁县	龙江韭菜	4月上旬	8月中旬	高产，优质，抗病，抗旱，广适
5	科尔沁左翼后旗	查干韭菜	4月上旬	8月中旬	优质，抗旱，耐寒，耐贫瘠
6	库伦旗	本地韭菜	4月上旬	8月中旬	高产，抗虫，耐贫瘠
7	奈曼旗	东明韭菜	4月中旬	8月上旬	高产，优质
8	巴林左旗	马莲韭菜	5月中旬	7月中旬	优质，抗病，抗旱，广适，耐贫瘠
9	林西县	马莲韭菜	6月上旬	9月上旬	其他
10	丰镇市	丰镇韭菜	2月下旬	9月下旬	高产，优质，抗病，抗虫，抗旱，耐贫瘠，耐热
11	伊金霍洛旗	韭菜	3月下旬	8月中旬	优质
12	临河区	老韭菜	5月上旬	9月下旬	优质，耐盐碱，广适，耐寒，耐贫瘠，耐热
13	乌拉特中旗	石哈河韭菜	4月下旬	9月下旬	优质，抗病，抗虫，抗旱，耐寒，耐涝，耐贫瘠
14	阿拉善左旗	孟和哈日根韭菜	4月上旬	7月下旬	高产，耐寒，耐热
15	阿拉善左旗	浩坦淖尔韭菜	4月上旬	9月下旬	抗病，耐寒，耐贫瘠
16	额济纳旗	巴彦陶来韭菜	5月上旬	8月上旬	抗旱，广适，耐寒
17	阿拉善右旗	阿拉腾朝格韭菜	4月下旬	6月上旬	优质，抗病
18	根河市	农家韭菜	5月上旬	6月下旬	高产，优质，抗病，广适，耐寒
19	牙克石市	农家马莲韭菜	5月上旬	8月下旬	高产，优质，抗病，广适，耐寒

三、优异种质资源

1. 丰镇韭菜

采集编号：P152628028

采集地点：乌兰察布市丰镇市南城区街道

地方优异品种，具有高产、优质、抗病、抗虫、抗旱、耐贫瘠、耐热等特性，每年2月下旬开始萌发，采收至9月下旬，采收期长。株高40～50

厘米。韭菜花属于锥形总苞包被的伞形花序，内有小花 20 ～ 30 朵。小花为两性花，花冠白色，花被片 6 片，雄蕊 6 枚。子房上位，异花授粉。

2. 龙江韭菜

采集编号：P150523057

采集地点：通辽市开鲁县大榆树镇联丰村

农家品种，经过多年留种、选择而成的品质优良的资源，具特殊强烈气味。叶、花均作蔬菜食用，叶片宽厚，耐旱，产量高，适应性强。

3. 阿拉腾朝格韭菜

采集编号：P152922003

采集地点：阿拉善盟阿拉善右旗阿拉腾朝格苏木查干通格嘎查

地方品种，具特殊强烈气味，根茎横卧，鳞茎狭圆锥形，簇生；鳞式外皮黄褐色，网状纤维质；叶基生，条形，扁平；伞形花序，顶生。不抗虫、产量低等原因不适宜广泛种植。

第二节　大　葱

一、概述

大葱（*Allium fistulosum*）是石蒜科葱属二年生草本植物，原产于西伯利亚，叶片呈管状、有蜡质，耐旱不耐涝，喜凉不喜热，抗寒能力较强，对光照条件要求不高，日照时间长短均可，只要植株完成春化，均可正常抽薹开花。大葱主要包括普通大葱、分葱、胡葱、楼葱 4 种类型，常作为一种香料调味品或蔬菜食用。本次普查与征集共获得大葱种质资源 33 份，均为地方品种。

二、种质资源分布

本次普查与征集共获得大葱种质资源 33 份，分布在 10 个盟（市）的 28 个旗（县、市、区）（表 1-3、表 1-4）。

表 1-3　普查与征集获得大葱种质资源分布情况

序号	盟（市）	旗（县、市、区）	种质资源数量
1	呼和浩特市	玉泉区、土默特左旗、托克托县	4
2	包头市	石拐区	1
3	兴安盟	突泉县	1
4	通辽市	霍林郭勒市、开鲁县、科尔沁区、科尔沁左翼后旗、库伦旗	6
5	赤峰市	元宝山区、巴林左旗、巴林右旗、林西县	7
6	乌兰察布市	察哈尔右翼中旗、丰镇市	2
7	巴彦淖尔市	乌拉特中旗、乌拉特后旗、杭锦后旗	3
8	乌海市	海南区、乌达区	2
9	阿拉善盟	阿拉善左旗、额济纳旗	2
10	呼伦贝尔市	根河市、陈巴尔虎旗、牙克石市、扎赉诺尔区、莫力达瓦达斡尔族自治旗	5

表 1-4　普查与征集获得大葱种质资源特征信息

序号	旗（县、市、区）	种质名称	播种期	收获期	主要特性
1	玉泉区	本地大葱	5月中旬	9月下旬	高产，优质，抗病，广适
2	土默特左旗	毕克齐大葱	3月上旬	10月上旬	优质，抗病，抗虫，耐盐碱，抗旱，耐寒，耐贫瘠
3	土默特左旗	农家大葱	3月下旬	9月下旬	优质，抗病，抗虫，耐盐碱，抗旱，广适，耐寒，耐贫瘠
4	托克托县	本地大葱	4月下旬	9月上旬	高产，优质，广适，耐寒
5	石拐区	石拐大葱	6月上旬	9月上旬	优质，广适，耐贫瘠
6	突泉县	本地小葱	2月中旬	8月下旬	高产
7	霍林郭勒市	大葱	4月上旬	9月下旬	高产，优质，抗旱，耐寒
8	开鲁县	大葱	4月上旬	10月上旬	高产，优质，抗病，抗旱，耐寒
9	科尔沁区	葱	4月上旬	9月下旬	高产，优质，抗病，抗旱，广适
10	科尔沁左翼后旗	本地大葱	4月上旬	10月中旬	优质，抗旱
11	科尔沁左翼后旗	查干大葱	4月上旬	10月中旬	优质，抗旱
12	库伦旗	本地大葱	4月上旬	10月中旬	高产，优质，抗旱

（续表）

序号	旗（县、市、区）	种质名称	播种期	收获期	主要特性
13	元宝山	葱	4月中旬	5月下旬	高产，耐寒
14	元宝山	葱	4月中旬	5月下旬	高产，耐寒
15	巴林左旗	林东大葱	5月上旬	9月上旬	优质，耐贫瘠
16	巴林左旗	山葱	5月下旬	9月上旬	抗旱，耐贫瘠
17	巴林右旗	新立大葱	5月上旬	9月下旬	高产，优质，抗病，抗虫，耐盐碱，抗旱，广适，耐寒
18	林西县	四叶齐	6月上旬	8月中旬	优质，耐贫瘠
19	林西县	旱葱	6月上旬	9月上旬	抗旱，耐贫瘠
20	察哈尔右翼中旗	本地葱	5月下旬	7月上旬	优质
21	丰镇市	199大葱	2月下旬	9月上旬	高产，优质，抗病，抗虫，抗旱，耐贫瘠
22	乌拉特中旗	石哈河大葱	4月下旬	8月下旬	优质，抗病，抗虫，抗旱，耐寒，耐贫瘠
23	乌拉特后旗	巴音宝力格大葱	4月上旬	7月下旬	广适
24	杭锦后旗	头道桥白葱	4月中旬	7月中旬	广适
25	海南区	独秆白葱	9月中旬	10月中旬	高产，优质，抗病，抗旱，广适，耐寒，耐热
26	乌达区	大葱	9月上旬	10月上旬	高产，抗病，耐盐碱，抗旱，耐寒
27	阿拉善左旗	白葱	4月中旬	7月中旬	优质，抗病，耐寒，耐贫瘠
28	额济纳旗	巴彦陶来辣味大葱	3月上旬	5月下旬	优质，广适
29	根河市	农家葱	6月上旬	9月下旬	高产，优质，广适，耐寒
30	陈巴尔虎旗	农家高寒红皮大葱	6月上旬	9月上旬	高产，优质，耐寒
31	牙克石市	高寒鸡腿大葱	5月上旬	9月上旬	高产，优质，广适，耐寒
32	扎赉诺尔区	农家小香葱	5月上旬	7月上旬	高产，优质，抗病，耐寒
33	莫力达瓦达斡尔族自治旗	农家牛腿火葱	6月上旬	9月下旬	高产，优质，广适，耐寒

三、优异种质资源

1. 毕克齐大葱

采集编号：P150121039

采集地点：呼和浩特市土默特左旗毕克齐镇乌兰板村

本品种优质、抗病、抗虫、耐盐碱、抗旱、耐寒、耐贫瘠，由一点红大葱连续种植多年衍生出来的品种，适合当地种植。

2. 独秆白葱

采集编号：P150303010

采集地点：乌海市海南区巴音陶亥镇赛汗乌素村

本品种高产、优质、抗病、抗旱、广适、耐寒、耐热，根系短，质地脆嫩、辣味稍淡、微露清甜，脆嫩可口，葱白很大，适宜久藏。

3. 农家高寒红皮大葱

采集编号：P150725044

采集地点：呼伦贝尔市陈巴尔虎旗特泥河苏木场部

本品种高产、优质、广适、耐寒，鳞茎外皮红色，幼苗耐寒，返青早，秋天收获后高寒地区冬储干葱。

4. 高寒鸡腿大葱

采集编号：P150782049

采集地点：呼伦贝尔市牙克石市暖泉街道暖泉村

本品种高产、优质、广适、耐寒，鳞茎外皮白色，幼苗耐寒，返青早，秋天收获后高寒地区冬储干葱。

5. 农家牛腿火葱

采集编号：P150722068

采集地点：呼伦贝尔市莫力达瓦达斡尔族自治旗尼尔基镇向阳村

本品种高产、优质、广适、耐寒，鳞茎外皮白色，幼苗耐寒，返青早，秋天收获后高寒地区冬储干葱。

第三节　香　葱

一、概述

香葱（*Allium cepiforme*）是石蒜科葱属植物，原产于亚洲西部，喜凉爽气候，耐寒性和耐热性较强，植株小，鳞茎聚生，鳞茎外皮为红褐色、紫红色至黄白色，质地柔嫩，味清香，微辣，主要用于调味和去腥，在中国南方栽培较为广泛。

二、种质资源分布

本次普查与征集共获得香葱种质资源 1 份，分布在 1 个盟（市）的 1 个旗（县、市、区）（表 1–5、表 1–6）。

表 1–5　普查与征集获得香葱种质资源分布情况

序号	盟（市）	旗（县、市、区）	种质资源数量
1	呼伦贝尔市	莫力达瓦达斡尔族自治旗	1

表 1–6　普查与征集获得香葱种质资源特征信息

序号	旗（县、市、区）	种质名称	播种期	收获期	主要特性
1	莫力达瓦达斡尔族自治旗	达斡尔小萝葱	5月下旬	8月中旬	高产，优质，广适，耐寒

三、优异种质资源

达斡尔小萝葱

采集编号：P150722057

采集地点：呼伦贝尔市莫力达瓦达斡尔族自治旗登特科镇多西浅村

本品种鳞茎外皮白色，株高 40 厘米左右。高产、优质、广适、耐寒，微辣，口感好。幼苗耐寒，返青早。

第四节　洋　葱

一、概述

洋葱（*Allium cepa*）又名葱头、圆葱，是石蒜科葱属多年生草本植物，原产于中亚或西亚，对温度的适应性较强。洋葱一般分为普通洋葱、分蘖洋葱和顶生洋葱。内蒙古地区洋葱属长日照作物，在鳞茎膨大期和抽薹开花期需要 14 小时以上的长日照条件。本次普查与征集共获得洋葱种质资源 3 份，均属于普通洋葱。

二、种质资源分布

本次普查与征集共获得洋葱种质资源 3 份，分布在 2 个盟（市）的 3 个旗（县、市、区）（表 1-7、表 1-8）。

表 1-7　普查与征集获得洋葱种质资源分布情况

序号	盟（市）	旗（县、市、区）	种质资源数量
1	包头市	土默特右旗	1
2	阿拉善盟	阿拉善左旗、阿拉善右旗	2

表 1-8　普查与征集获得洋葱种质资源特征信息

序号	旗（县、市、区）	种质名称	播种期	收获期	主要特性
1	土默特右旗	将军尧洋葱	3 月下旬	9 月中旬	优质，广适，抗病性强
2	阿拉善左旗	阿拉善洋葱	4 月下旬	9 月上旬	高产，优质，耐盐碱、耐寒
3	阿拉善右旗	洋葱	4 月中旬	9 月中旬	优质，产量低，抗病和抗虫性差

三、优异种质资源

1. 将军尧洋葱

采集编号：P150221004

采集地点：包头市土默特右旗将军尧镇八里湾村

本品种具有优质、抗病、广适等特性。每年 3 月中下旬开始播种，9 月中旬采收。叶色绿，假茎横切面圆，整齐一致，有性繁殖，贮存期较长。

2. 阿拉善洋葱

采集编号：P152921027

采集地点：阿拉善盟阿拉善左旗超格图呼热苏木鄂门高勒嘎查

本品种具有高产、优质、耐盐碱、耐寒等特性。每年 4 月下旬开始播种，9 月上旬采收。肉质柔嫩，汁多辣味淡，品质佳，适于生食。

第五节　大　蒜

一、概述

大蒜（*Allium sativum*）是石蒜科葱属多年生草本植物，原产于西亚和中亚，汉代张骞出使西域引入我国，是食药两用植物，是人类日常生活中不可缺少的调料。鳞茎外皮多为白色或紫色，通常由多个肉质、瓣状的小鳞茎紧密排列而成，中国南北普遍栽培。

二、种质资源分布

本次普查与征集共获得大蒜种质资源1份，分布在1个盟（市）的1个旗（县、市、区）（表1-9、表1-10）。

表1-9　普查与征集获得大蒜种质资源分布情况

序号	盟（市）	旗（县、市、区）	种质资源数量
1	巴彦淖尔市	乌拉特中旗	1

表1-10　普查与征集获得大蒜种质资源特征信息

序号	旗（县、市、区）	种质名称	播种期	收获期	主要特性
1	乌拉特中旗	石哈河紫皮蒜	4月上旬	9月中旬	优质，抗病，抗虫，抗旱，耐寒，耐贫瘠

三、优异种质资源

石哈河紫皮蒜

采集编号：P150824046

采集地点：巴彦淖尔市乌拉特中旗石哈河镇双盛美村

本品种晒干后皮呈紫色，优质、抗病、抗虫、抗旱、耐寒、耐贫瘠。

第二章

茄果类蔬菜

　　茄果类蔬菜包括番茄、茄子、辣椒、秋葵等。茄果类蔬菜原产热带，性喜温暖，不耐寒冷，我国南北各地普遍栽培。本次普查与征集的茄果类蔬菜种质资源共77份，其中番茄31份、辣椒31份、茄子15份。

第一节 番 茄

一、概述

番茄（*Solanum lycopersicum*）是茄科茄属的一年生或多年生草本植物，原产南美洲。番茄为喜温作物，富含番茄红素，具有很强的抗氧化能力，中国南北均有栽培，是全世界栽培最为普遍的果菜之一。

二、种质资源分布

本次普查与征集共获得番茄种质资源 31 份，分布在 8 个盟（市）的 17 个旗（县、市、区）（表 2–1、表 2–2）。

表 2–1　普查与征集获得番茄种质资源分布情况

序号	盟（市）	旗（县、市、区）	种质资源数量
1	包头市	东河区、白云鄂博矿区、固阳县	6
2	兴安盟	乌兰浩特市、突泉县	6
3	通辽市	开鲁县	1
4	赤峰市	元宝山区、松山区、阿鲁科尔沁旗	3
5	鄂尔多斯市	达拉特旗	4
6	巴彦淖尔市	五原县、杭锦后旗	3
7	乌海市	海南区	1
8	呼伦贝尔市	陈巴尔虎旗、扎兰屯市、新巴尔虎左旗、新巴尔虎右旗	7

表 2–2　普查与征集获得番茄种质资源特征信息

序号	旗（县、市、区）	种质名称	播种期	收获期	主要特性
1	东河区	贼不偷西红柿	5月下旬	8月上旬	高产，优质，抗病
2	东河区	苹果青	5月上旬	8月中旬	优质，广适，耐贫瘠
3	东河区	真红柿子	5月中旬	9月下旬	高产，优质，广适
4	白云鄂博矿区	九原大黄	5月上旬	8月中旬	优质，广适
5	白云鄂博矿区	白果强丰	5月上旬	8月中旬	优质，抗病，广适

（续表）

序号	旗（县、市、区）	种质名称	播种期	收获期	主要特性
6	固阳县	固阳番茄	4月下旬	9月下旬	抗病，广适
7	乌兰浩特市	贼不偷	5月上旬	7月中旬	优质，抗病，抗虫，抗旱，耐热
8	乌兰浩特市	四平小桃	5月上旬	7月中旬	优质，抗病，抗虫，抗旱，耐寒，耐热
9	乌兰浩特市	黄太郎	5月上旬	7月中旬	优质，抗病，抗虫，抗旱，耐热
10	乌兰浩特市	花皮球	5月上旬	7月中旬	优质，抗病，抗虫，抗旱，广适，耐热
11	突泉县	苹果番茄	4月中旬	8月中旬	高产，优质
12	突泉县	贼不偷	5月中旬	8月下旬	优质
13	开鲁县	八个棱柿子	4月中旬	8月中旬	优质，抗病，抗旱，耐寒
14	元宝山区	黄柿子	4月上旬	7月中旬	
15	松山区	老大黄番茄	4月上旬	7月中旬	
16	阿鲁科尔沁旗	橘黄柿子	4月上旬	7月中旬	
17	达拉特旗	西红柿（红色）	3月下旬	7月中旬	高产，优质，广适
18	达拉特旗	西红柿（黄色）	3月下旬	7月中旬	高产，优质，广适
19	达拉特旗	白糖柿子	5月下旬	7月下旬	高产，优质，抗病，耐盐碱，耐贫瘠
20	达拉特旗	白柿子	5月上旬	8月上旬	优质
21	五原县	五原黄柿子	4月下旬	7月下旬	高产，优质，耐热
22	五原县	白果强丰	5月上旬	8月下旬	高产，优质
23	杭锦后旗	蛮会黄柿子	4月中旬	8月上旬	高产，优质
24	海南区	巴镇大黄柿	2月中旬	6月中旬	高产，优质，抗病，抗虫，广适
25	陈巴尔虎旗	农家早熟矮秆粉柿子	4月上旬	7月上旬	优质，抗病
26	陈巴尔虎旗	农家白绿柿子	5月上旬	8月上旬	高产，优质，抗病
27	扎兰屯市	农家大粉柿子	4月上旬	7月中旬	高产，广适
28	新巴尔虎左旗	农家贼不偷柿子	4月下旬	8月上旬	高产，优质，抗病
29	新巴尔虎左旗	农家大黑柿子	5月上旬	7月中旬	高产，优质，抗病
30	新巴尔虎右旗	农家黄花红球柿子	4月下旬	8月上旬	高产，优质，抗病
31	新巴尔虎右旗	农家绿花紫球柿子	4月下旬	8月上旬	高产，优质，抗病，耐寒

三、优异种质资源

1. 苹果青

采集编号：P150202007

采集地点：包头市东河区沙尔沁镇海岱村

本品种白果，植株抗逆性强，产量高、优质、广适、耐贫瘠。

2. 真红柿子

采集编号：P150202018

采集地点：包头市东河区沙尔沁镇海岱村

本品种果粒椭圆形，口感极上等，易着色，早果性、丰产性、抗病性均好。

3. 九原大黄

采集编号：P150206003

采集地点：包头市白云鄂博矿区矿山路街道

本品种是无限生长型，中熟，果实圆形，金黄色，口味佳，果脐小，果肉厚，单果重250～300克，耐贮运，坐果率高。可溶性固形物含量4.6%，番茄红素含量0.0318毫克/克，维生素C含量0.193毫克/克。

4. 贼不偷

采集编号：P152201028

采集地点：兴安盟乌兰浩特市义勒力特镇民生嘎查

本品种也叫青苹果番茄，它成熟仍然是绿色，口感比红色、黄色番茄好，果肉青色、成熟脐部略有变色，果味甜，风味独特，是特菜生产中的珍稀品种。

5. 四平小桃

采集编号：P152201034

采集地点：兴安盟乌兰浩特市城郊街道红联村

本品种成熟果实暗红色，口感好，果肉厚，果味甜，风味独特。优质、抗病、抗虫、抗旱、耐寒、耐热。

6. 黄太郎

采集编号：P152201035

采集地点：兴安盟乌兰浩特市城郊街道红联村

本品种椭圆形，鲜黄色，外观艳丽。品质好，味甘酸，果实硬度高，耐贮藏。优质、抗病、抗虫、抗旱、耐热。

7. 花皮球

采集编号：P152201036

采集地点：兴安盟乌兰浩特市城郊街道红联村

本品种属于中晚熟品种，果实甜度高、皮厚，硬度果，果肉爽脆耐贮存。优质、抗病、抗虫、抗旱、广适、耐热。

8. 八个棱柿子

采集编号：P150523040

采集地点：通辽市开鲁县麦新镇水泉村

本品种是多年种植留种选育出的优良农家种，果形好，产量高，食用口感好。优质、抗病、抗旱、耐寒。

9. 白糖柿子

采集编号：P150621031

采集地点：鄂尔多斯市达拉特旗王爱召镇新民堡村

本品种是当地优质品种，果色红，果形圆，个头中等，口感如吃白糖，故名白糖柿子。高产、优质、抗病、耐盐碱、耐贫瘠。

10. 五原黄柿子

采集编号：P150821004

采集地点：巴彦淖尔市五原县胜丰镇新丰村

本品种是地方特色品种，植株无限生长型，中晚熟品种，长势强，耐热，果实近圆形，单果重 200 ～ 250 克，熟果金黄，个大肉厚，含水量少，沙甜可口，一般亩产 5 000 千克左右。经检测，维生素 C 含量 20 ～ 30 毫克 /100克，可溶性固形物含量为 2% ～ 6%，总酸（以柠檬酸计）含量为 0.4 ～ 0.65克 /100 克，产品有促进消化、抑制多种细菌的作用。

11. 农家白绿柿子

采集编号：P150725055

采集地点：呼伦贝尔市陈巴尔虎旗特泥河苏木场部

本品种株高 120 厘米左右，半直立，有强烈气味。浆果长卵形，光滑，成熟时基部绿色，上部白绿色，肉质厚而多汁；成熟时白绿色，味甜，口感好，抗晚疫病。

12. 农家大黑柿子

采集编号：P150726051

采集地点：呼伦贝尔市新巴尔虎左旗阿木古郎镇蔬菜基地

本品种株高 120 厘米左右，半直立，有强烈气味。浆果圆形，光滑，个大，直径 7 厘米左右，未成熟时绿色，成熟时黑红色，肉质厚而多汁。耐存贮，味甜，口感好，抗晚疫病。

13. 农家黄花红球柿子

采集编号：P150727050

采集地点：呼伦贝尔市新巴尔虎右旗阿拉坦额莫勒镇西庙嘎查

本品种株高 150 厘米左右，半直立，有强烈气味。浆果卵圆形，未成熟时白绿色，绿花纹；成熟时黑红色，花纹黄色，光滑，肉质厚而多汁。美观，味甜，口感好，抗晚疫病。

14. 农家绿花紫球柿子

采集编号：P150727051

采集地点：呼伦贝尔市新巴尔虎右旗阿拉坦额莫勒镇新村

本品种株高 120 厘米左右，半直立，有强烈气味。浆果卵圆形，未成熟时白绿色，绿花纹；成熟时紫红色，花纹绿色，光滑，肉质厚而多汁。味甜，口感好，抗轻霜冻，抗晚疫病。

第二节　辣　椒

一、概述

辣椒（*Capsicum annuum*）是茄科辣椒属草本植物，原产于墨西哥和哥伦比亚，世界各国普遍栽培。辣椒对水分要求严格，它既不耐旱也不耐涝，喜欢比较干爽的空气条件。果实长指状，顶端渐尖且常弯曲，未成熟时绿色，成熟后红色、橙色或紫红色，味辣。

二、种质资源分布

本次普查与征集共获得辣椒种质资源 31 份，分布在 8 个盟（市）的 19 个旗（县、市、区）（表 2-3、表 2-4）。

表2-3　普查与征集获得辣椒种质资源分布情况

序号	盟（市）	旗（县、市、区）	种质资源数量
1	呼和浩特市	土默特左旗、托克托县	2
2	包头市	东河区、九原区、土默特右旗、达尔罕茂明安联合旗	10
3	兴安盟	乌兰浩特市、突泉县	2
4	通辽市	科尔沁区、科尔沁左翼中旗	2
5	赤峰市	松山区、克什克腾旗、宁城县	4
6	巴彦淖尔市	乌拉特后旗	1
7	阿拉善盟	阿拉善左旗	1
8	呼伦贝尔市	扎赉诺尔区、阿荣旗、扎兰屯市、额尔古纳市	9

表2-4　普查与征集获得辣椒种质资源特征信息

序号	旗（县、市、区）	种质名称	播种期	收获期	主要特性
1	土默特左旗	本地辣椒	6月上旬	8月中旬	优质，抗病，抗虫，耐盐碱，抗旱，广适
2	托克托县	托县红辣椒（红灯笼）	5月上旬	8月下旬	优质，抗旱，耐热
3	东河区	沙尔沁红辣椒	5月下旬	9月中旬	优质，耐寒
4	东河区	兔嘴青椒	5月上旬	9月下旬	高产，优质，广适
5	东河区	四方椒	5月上旬	9月下旬	优质，抗病，广适
6	东河区	厚皮甜椒	5月上旬	9月下旬	优质，抗病，广适
7	九原区	哈林格尔甜椒	7月下旬	10月下旬	抗病，广适
8	九原区	哈林格尔羊角椒	7月下旬	10月下旬	抗病，广适
9	九原区	哈林格尔巴彦椒	7月下旬	10月下旬	抗病，广适
10	土默特右旗	土右辣椒	5月上旬	8月中旬	优质，广适
11	土默特右旗	美岱召辣椒	5月上旬	8月下旬	优质，广适
12	达尔罕茂明安联合旗	樱桃辣椒	5月上旬	8月上旬	高产，优质，广适，耐贫瘠
13	乌兰浩特市	古城红辣椒	5月中旬	10月上旬	优质，抗病，抗虫，耐盐碱，抗旱，耐寒，耐贫瘠，耐热
14	突泉县	本地红尖椒	5月中旬	9月下旬	高产，优质，耐寒

（续表）

序号	旗（县、市、区）	种质名称	播种期	收获期	主要特性
15	科尔沁区	七寸红辣椒	4月中旬	9月下旬	高产，优质，抗旱，广适
16	科尔沁左翼中旗	七寸红	4月中旬	7月中旬	高产，优质，抗病，抗旱，广适
17	松山区	老牛角椒	3月下旬	7月中旬	
18	克什克腾旗	笨辣椒	3月下旬	7月中旬	
19	宁城县	赤峰牛角椒	5月中旬	9月上旬	
20	宁城县	黄皮羊角	5月下旬	7月下旬	
21	乌拉特后旗	巴音辣椒	5月上旬	11月下旬	广适
22	阿拉善左旗	孟和哈日根辣椒	4月中旬	8月上旬	高产，优质
23	扎赉诺尔区	农家小辣椒	5月上旬	7月下旬	高产，广适
24	阿荣旗	大灯笼辣椒	4月上旬	7月上旬	高产，优质，抗病
25	阿荣旗	农家短锥朝天小辣椒	5月上旬	7月下旬	高产，广适
26	扎兰屯市	朝鲜辣酱小辣椒	4月上旬	8月上旬	高产，优质，抗病
27	扎兰屯市	灯笼辣椒	4月上旬	8月上旬	优质，抗病
28	扎兰屯市	朝鲜小辣椒	4月上旬	7月上旬	高产，优质，抗病
29	扎兰屯市	朝鲜大辣椒	4月上旬	7月上旬	高产，优质，抗病
30	扎兰屯市	朝鲜水果辣椒	4月上旬	7月上旬	高产，优质，抗病
31	额尔古纳市	农家大辣椒	5月上旬	7月上旬	高产，优质，抗病

三、优异种质资源

1. 托县红辣椒

采集编号：P150122002

采集地点：呼和浩特市托克托县河口管理委员会郝家窑村

本品种是当地优质品种，别名"红灯笼"，其色鲜、肉厚，果实富含丰富的维生素 C 和维生素 A，以香而不辣著称。

2. 哈林格尔羊角椒

采集编号：P150207028

采集地点：包头市九原区哈林格尔镇哈林格尔村

本品种为羊角椒，色泽紫红光滑，椒果较为细长，尖上带钩，形若羊角，皮薄、肉厚、色鲜、味香、辣度适中。

3. 哈林格尔巴彦椒

采集编号：P150207029

采集地点：包头市九原区哈林格尔镇哈林格尔村

本品种是早熟、薄皮大甜椒，植株生长中等，果色翠绿，品质味甜质脆。横径 8 厘米，纵径 10 厘米，皮厚 0.4 厘米，单株结果 10 个左右。

4. 古城红辣椒

采集编号：P152201020

采集地点：兴安盟乌兰浩特市乌兰哈达镇古城村

本品种是优质地方品种，微辣、口感好，色泽鲜红亮丽，嫩叶可加工成朝鲜族风味的咸菜，高抗病虫害，适应性强。可作优质调料，制作口红的原料。

5. 七寸红辣椒

采集编号：P150502056

采集地点：通辽市科尔沁区清河镇大席棚村

本品种是地方品种，果实较长，辣香，优质，产量高，抗病。

6. 朝鲜小辣椒

采集编号：P150783033

采集地点：呼伦贝尔市扎兰屯市高台子街道鲜光村

本品种高 40 ~ 80 厘米，茎近无毛，果实圆锥状，长 5 ~ 10 厘米，顶端急剧变尖且不常弯曲，未成熟时绿色，常有紫色斑，成熟后成红色，味辣，制干辣椒，脱水快，易干燥。

7. 朝鲜大辣椒

采集编号：P150783041

采集地点：呼伦贝尔市扎兰屯市高台子街道鲜光村

本品种高 50 ~ 60 厘米，茎近无毛，果实长指状，长 10 ~ 15 厘米，顶端渐尖且常弯曲，未成熟时绿色，成熟后成红色。微辣，味鲜，口感好。

8. 朝鲜水果辣椒

采集编号：P150783042

采集地点：呼伦贝尔市扎兰屯市高台子街道鲜光村

本品种高 40 ~ 60 厘米，茎近无毛，果实纺锤形，长 7 ~ 10 厘米，顶端齐头，常有缺刻，未成熟时绿色，常有紫色斑，成熟后成红色。朝鲜族使用此品种辣椒腌制泡菜，微辣，味道鲜美，口感好。

9. 农家短锥朝天小辣椒

采集编号：P150721056

采集地点：呼伦贝尔市阿荣旗得力其尔镇鄂温克民族乡三号店林场

本品种株高 50 厘米左右，辣椒朝天生长，短锥状，未成熟时为绿色，成熟时红色，辣味好。

第三节　茄　子

一、概述

茄子（*Solanum melongena*）是茄科茄属植物，原产亚洲热带地区。中国各地均有栽培，为夏季主要蔬菜之一。茄子可分为圆茄、长茄、矮茄。茄喜高温，对光照时间和光照强度要求都较高，果的形状有长或圆，颜色有白、红、紫、绿等。茄果可供蔬食。根、茎、叶入药，为收敛剂，有利尿之效，叶也可以作麻醉剂。种子为消肿药，也用作刺激剂，但容易引起胃弱及便秘。

二、种质资源分布

本次普查与征集共获得茄子种质资源 15 份，分布在 7 个盟（市）的 12 个旗（县、市、区）（表 2-5、表 2-6）。

表 2-5　普查与征集获得茄子种质资源分布情况

序号	盟（市）	旗（县、市、区）	种质资源数量
1	包头市	东河区、九原区、土默特右旗	5
2	兴安盟	扎赉特旗、突泉县	2
3	通辽市	开鲁县、科尔沁区	2
4	巴彦淖尔市	临河区	1
5	乌海市	海南区	1
6	阿拉善盟	阿拉善左旗	2
7	呼伦贝尔市	扎赉诺尔区、鄂温克族自治旗	2

表 2-6　普查与征集获得茄子种质资源特征信息

序号	旗（县、市、区）	种质名称	播种期	收获期	主要特性
1	东河区	东河大茄子	5 月中旬	9 月下旬	高产，优质，广适
2	九原区	哈林格尔二苠茄	7 月下旬	10 月下旬	抗病，广适
3	土默特右旗	二苠茄	5 月上旬	8 月中旬	优质，广适
4	土默特右旗	美岱召茄子	5 月中旬	8 月中旬	抗病，耐热
5	土默特右旗	紫美茄子	5 月上旬	8 月中旬	优质，抗病，耐热
6	扎赉特旗	老茄子	5 月下旬	10 月上旬	优质，广适，耐热
7	突泉县	本地绿皮茄子	5 月上旬	8 月上旬	高产，优质，抗病，耐涝
8	开鲁县	永进绿茄	4 月中旬	8 月中旬	高产，优质，抗病，抗旱，广适，耐贫瘠
9	科尔沁区	圆头茄子	4 月中旬	7 月中旬	高产，优质，抗病，抗旱，广适，耐寒
10	临河区	白茄子	5 月上旬	9 月下旬	高产，优质，抗病，抗虫，广适，耐贫瘠，耐热
11	海南区	瓜茄	2 月中旬	7 月上旬	高产，优质，抗虫
12	阿拉善左旗	牛心茄	5 月上旬	6 月下旬	高产，优质，抗病，耐盐碱，抗旱，耐贫瘠
13	阿拉善左旗	长茄子	4 月下旬	9 月下旬	抗病，耐寒，耐贫瘠
14	扎赉诺尔区	农家老来黄茄子	5 月上旬	7 月上旬	优质，抗病，耐寒
15	鄂温克族自治旗	农家茄子	5 月上旬	7 月上旬	优质，抗病，耐寒

三、优异种质资源

1. 二苠茄

采集编号：P150221003

采集地点：包头市土默特右旗明沙淖乡把栅村

本品种是中熟种，果实圆球形稍扁，表皮紫色，果顶部略浅，有光泽。单果重 750 克以上，最大果实可达 1 500 克。果肉白色致密细嫩，种子较少，品质优，一般亩产 5 000 千克左右。

2. 美岱召茄子

采集编号：P150221038

采集地点：包头市土默特右旗美岱召镇北卜子村

本品种果实圆球形稍扁,表皮紫色,果顶部略浅,有光泽,果肉白色致密细嫩。

3. 紫美茄子

采集编号:P150221043

采集地点:包头市土默特右旗海子乡左家地村

本品种果实长形,果皮黑紫色,有光泽,品质好,耐老化,抗黄萎病和绵疫病,适宜露地栽培。

4. 老茄子

采集编号:P152223027

采集地点:兴安盟扎赉特旗好力保镇五家子村

本品种是当地老品种,能孕花单生,喜高温,喜光照,皮薄肉厚,皮为紫色,椭圆形,食用味美清甜,百姓多晒茄干冬季做菜食用,茄子秆可用来冬季泡水,治冻疮效果好。

5. 永进绿茄

采集编号:P150523068

采集地点:通辽市开鲁县义和塔拉镇永进村

本品种是优良农家种,高产,优质,紫花,果实皮薄,口感好。

6. 瓜茄

采集编号:P150303004

采集地点:乌海海南区巴音陶亥镇赛汗乌素村

本品种是优良农家种,高产,优质,果椭圆形,皮紫色,单果较大。

7. 农家老来黄茄子

采集编号:P150703058

采集地点:呼伦贝尔市扎赉诺尔区灵泉镇示范园区

本品种高 70 厘米左右,直立,上部分枝较多,光滑,紫绿色。果长圆形,浅紫色,稍有弯曲。

第三章

瓜类蔬菜

瓜类蔬菜是葫芦科一年生草本植物，包括黄瓜、南瓜、西葫芦、冬瓜、丝瓜、瓠瓜等。茎多为蔓性，有卷须。雌雄同株异花。性喜高温和充足的阳光，须在无霜季节栽培。根系受伤后恢复力弱，一般行直播或育苗移植。栽培过程中一般要整枝、支架、绑蔓或压蔓。本次普查与征集的瓜类蔬菜种质资源共91份，其中黄瓜16份、南瓜30份、西葫芦32份、冬瓜6份、瓠瓜4份、丝瓜3份。

第一节　黄　瓜

一、概述

黄瓜（*Cucumis sativus*）是葫芦科黄瓜属一年生攀缘草本植物，黄瓜是汉朝张骞出使西域时带回来的，原产喜马拉雅山南麓的印度北部地区，现分布于全世界，喜温暖、不耐寒冷、喜潮湿、不耐旱、喜光照，果实长圆形或圆柱形，熟时黄绿色。

二、种质资源分布

本次普查与征集共获得黄瓜种质资源 16 份，分布在 4 个盟（市）的 14 个旗（县、市、区）（表 3–1、表 3–2）。

表 3–1　普查与征集获得黄瓜种质资源分布情况

序号	盟（市）	旗（县、市、区）	种质资源数量
1	包头市	东河区、白云鄂博矿区、土默特右旗、达尔罕茂明安联合旗	4
2	兴安盟	扎赉特旗、突泉县	2
3	通辽市	科尔沁左翼后旗、霍林郭勒市	2
4	呼伦贝尔市	鄂温克族自治旗、满洲里市、扎赉诺尔区、陈巴尔虎旗、新巴尔虎左旗、新巴尔虎右旗	8

表 3–2　普查与征集获得黄瓜种质资源特征信息

序号	旗（县、市、区）	种质名称	播种期	收获期	主要特性
1	东河区	沙尔沁黄瓜	5月上旬	8月上旬	优质，广适
2	白云鄂博矿区	白云黄瓜	5月上旬	8月中旬	优质，抗病，广适
3	土默特右旗	土右黄瓜	5月上旬	8月上旬	高产，优质，广适，耐热
4	达尔罕茂明安联合旗	达茂翠绿黄瓜	5月上旬	8月上旬	优质，抗旱，广适，耐贫瘠
5	扎赉特旗	老黄瓜	5月上旬	8月中旬	优质，耐热
6	突泉县	本地旱黄瓜	5月上旬	8月中旬	优质，抗旱

（续表）

序号	旗（县、市、区）	种质名称	播种期	收获期	主要特性
7	科尔沁左翼后旗	老黄瓜	5月上旬	9月下旬	高产，优质，抗病，抗旱，广适
8	霍林郭勒市	旱黄瓜	5月上旬	7月中旬	优质，抗旱，耐寒，耐贫瘠
9	鄂温克族自治旗	农家早收笨黄瓜	5月上旬	6月下旬	优质，抗病
10	鄂温克族自治旗	农家多籽黄瓜	5月上旬	9月上旬	优质，抗病
11	满洲里市	旱王三号	3月下旬	6月上旬	耐热
12	扎赉诺尔区	农家长香旱黄瓜	5月上旬	7月上旬	高产，优质，抗病
13	陈巴尔虎旗	农家一生绿黄瓜	5月上旬	7月上旬	高产，优质，抗病
14	陈巴尔虎旗	农家叶三香黄瓜	5月上旬	7月上旬	高产，优质，抗病
15	新巴尔虎左旗	农家三棱黄瓜	5月上旬	7月上旬	高产，优质，抗病
16	新巴尔虎右旗	农家老来白黄瓜	5月上旬	7月上旬	高产，优质，抗病

三、优异种质资源

1. 老黄瓜

采集编号：P150522012

采集地点：通辽市科尔沁左翼后旗朝鲁吐镇阿木塔嘎嘎查

本品种为地方优良品质农家品种，瓜条短棒形，色泽嫩绿，口感甜脆适口，清香味浓。

2. 旱黄瓜

采集编号：P150581052

采集地点：通辽市霍林郭勒市沙尔呼热街道沙尔敖包嘎查

本品种为农家品种，优质、抗旱，食用清香、脆爽。

3. 农家长香旱黄瓜

采集编号：P150703045

采集地点：呼伦贝尔市扎赉诺尔区灵泉镇示范园区

本品种为农家品种，黄瓜三棱长条形，嫩黄瓜绿色，有刺，老时淡黄色，表面光滑，长38厘米左右。结瓜早，黄瓜长，香味浓，口感好，抗叶斑病。

4. 农家三棱黄瓜

采集编号：P150726049

采集地点：呼伦贝尔市新巴尔虎左旗阿木古郎镇蔬菜基地

本品种为农家品种，果实三棱状，细长形，黄瓜绿色，老时黄色，表面光滑。结瓜早，清香，口感好，抗叶斑病。

5. 农家老来白黄瓜

采集编号：P150727049

采集地点：呼伦贝尔市新巴尔虎右旗阿拉坦额莫勒镇西庙嘎查

本品种为农家品种，果实长圆状，嫩黄瓜绿色，老时白色，表面光滑。结瓜早，清香，口感好，抗叶斑病。

第二节　南　瓜

一、概述

南瓜（*Cucurbita moschata*）是葫芦科南瓜属一年生蔓生草本植物，原产墨西哥到中美洲一带，世界各地普遍栽培，明代传入中国，现南北各地广泛种植。南瓜是喜温的短日照植物，耐旱性强，果实的梗较粗壮，有棱和槽，因品种而异，外表面凹凸不平。

二、种质资源分布

本次普查与征集共获得南瓜种质资源30份，分布在8个盟（市）的21个旗（县、市、区）（表3–3、表3–4）。

表3–3　普查与征集获得南瓜种质资源分布情况

序号	盟（市）	旗（县、市、区）	种质资源数量
1	赤峰市	宁城县	3
2	锡林郭勒盟	苏尼特右旗	1
3	乌兰察布市	凉城县、丰镇市、察哈尔右翼前旗	3
4	巴彦淖尔市	五原县、临河区、磴口县	5
5	阿拉善盟	阿拉善左旗、阿拉善右旗	3
6	呼伦贝尔市	牙克石市、新巴尔虎左旗、陈巴尔虎旗、鄂温克族自治旗、新巴尔虎右旗、额尔古纳市、根河市	9

（续表）

序号	盟（市）	旗（县、市、区）	种质资源数量
7	鄂尔多斯市	伊金霍洛旗、达拉特旗、乌审旗	5
8	乌海市	乌达区	1

表 3-4　普查与征集获得南瓜种质资源特征信息

序号	旗（县、市、区）	种质名称	播种期	收获期	主要特性
1	宁城县	白皮南瓜	5月中旬	8月中旬	
2	宁城县	黄南瓜	5月中旬	8月下旬	
3	宁城县	窝瓜	5月上旬	9月下旬	
4	苏尼特右旗	窝瓜	5月中旬	9月中旬	高产
5	凉城县	绿皮南瓜	5月中旬	9月中旬	抗旱，耐贫瘠
6	丰镇市	葫芦	5月下旬	8月上旬	高产，优质，抗病，抗虫，抗旱，耐贫瘠
7	察哈尔右翼前旗	蕃瓜	5月下旬	8月下旬	优质，耐涝，耐贫瘠
8	临河区	歪脖葫芦	5月中旬	8月下旬	优质，抗病，广适，耐贫瘠
9	临河区	面葫芦	5月上旬	9月中旬	优质，抗病，广适，耐贫瘠
10	临河区	红柴葫芦	5月中旬	9月下旬	优质，抗病，广适，耐贫瘠
11	五原县	农家面葫芦	5月中旬	9月下旬	耐盐碱，抗旱，广适，耐贫瘠
12	磴口县	磴口窝瓜	4月下旬	9月下旬	高产，优质
13	阿拉善左旗	红皮葫芦	4月下旬	9月中旬	抗旱，耐贫瘠
14	阿拉善左旗	绿皮南瓜	5月上旬	9月下旬	高产，抗病，耐盐碱，耐寒，耐贫瘠
15	阿拉善右旗	甜面南瓜	4月下旬	9月中旬	优质，抗旱，耐贫瘠，耐热
16	伊金霍洛旗	饭瓜	3月下旬	9月下旬	优质
17	达拉特旗	东葫芦	5月上旬	9月上旬	高产，优质，广适，耐涝，耐贫瘠
18	达拉特旗	南瓜葫芦	5月下旬	9月中旬	高产，优质，耐盐碱，耐贫瘠
19	乌审旗	无定河南瓜1	4月下旬	9月上旬	广适
20	乌审旗	无定河南瓜2	3月上旬	8月下旬	广适
21	乌达区	南瓜	4月上旬	10月上旬	高产，优质，抗病，抗虫，抗旱

（续表）

序号	旗（县、市、区）	种质名称	播种期	收获期	主要特性
22	鄂温克族自治旗	早熟农家绿面瓜	5月下旬	8月下旬	高产，优质，抗病，耐寒
23	陈巴尔虎旗	极早熟农家大灰倭瓜	5月下旬	8月下旬	高产，优质，抗病，耐寒
24	新巴尔虎左旗	农家大白籽绿倭瓜	5月下旬	9月上旬	高产，优质，抗病，耐寒
25	新巴尔虎左旗	早熟农家小绿倭瓜	5月下旬	8月下旬	高产，优质，抗病，耐寒
26	新巴尔虎右旗	早熟农家大黄面瓜	5月下旬	9月上旬	高产，优质，抗病，耐寒
27	新巴尔虎右旗	早熟农家大绿倭瓜	5月下旬	9月上旬	高产，优质，抗病，耐寒
28	牙克石市	早熟红黑花面瓜	5月下旬	9月上旬	高产，优质，抗病，耐寒
29	额尔古纳市	早熟农家圆球灰倭瓜	5月下旬	9月上旬	高产，优质，抗病，耐寒
30	根河市	极早熟农家长把小灰面瓜	5月下旬	8月中旬	高产，优质，抗病，耐寒

三、优异种质资源

1. 绿皮南瓜

采集编号：P150925047

采集地点：乌兰察布市凉城县六苏木镇大洼村

抗旱、耐贫瘠，茎常节部生根，叶柄粗壮，叶片宽卵形，质稍柔软，叶脉隆起，卷须稍粗壮，雌雄同株，果梗粗壮，外面有数条纵沟，种子多数，长卵形，长 1.5～2 厘米，宽 1～1.4 厘米。

2. 农家面葫芦

采集编号：P150821038

采集地点：巴彦淖尔市五原县隆兴昌镇荣誉村

耐盐碱、抗旱、广适、耐贫瘠，茎有棱沟，叶柄粗壮，叶片质硬，挺立，果实横截面呈三角形，果实弯曲。卷须稍粗壮。雌雄同株，雄花单生。果圆形，较大，种子白色。

3. 极早熟农家大灰倭瓜

采集编号：P150725052

采集地点：呼伦贝尔市陈巴尔虎旗特泥河苏木场部

高产、优质、抗病、耐寒。果实甜面，口感好，耐存贮。生育期75天左右。主根长，侧根多。茎蔓生，多分枝。叶片大，深绿色，叶片心形，边缘大锯齿，互生；叶柄和叶面有刺，叶柄中空易折。花黄色，单性。果实扁球形，直径 20 厘米左右，果皮灰色，果肉橘黄色，果肉厚 3.5 厘米左右。种子卵圆形，乳黄色，长 15 毫米左右，宽 10 毫米左右，千粒重 210 克。

4. 农家大白籽绿倭瓜

采集编号：P150726044

采集地点：呼伦贝尔市新巴尔虎左旗阿木古郎镇蔬菜基地

高产、优质、抗病、耐寒。倭瓜甜面，口感好，耐存贮。种子大，可直接食用。主根长，侧根多，吸水、吸肥能力强。茎蔓生，多分枝。叶片大，深绿色，叶片心形，边缘大锯齿，互生；叶柄和叶面有刺，叶柄中空易折。花黄色，单性。果实圆形，直径 19 厘米左右，果皮深绿色，果肉橘黄色，果肉厚 3.5 厘米左右。种子卵圆形，乳白色，长 25 毫米左右，宽 12 毫米左右，千粒重 320 克。

5. 早熟农家小绿倭瓜

采集编号：P150726045

采集地点：呼伦贝尔市新巴尔虎左旗阿木古郎镇蔬菜基地

高产、优质、抗病、耐寒。倭瓜甜面，口感好，耐存贮，种子可直接食用。主根长，侧根多，吸水、吸肥能力强。茎蔓生，多分枝。叶片大，深绿色，叶片心形，边缘大锯齿，互生；叶柄和叶面有刺，叶柄中空易折。花黄色，单性。果实扁圆形，直径 17 厘米左右，果皮深绿色，果肉橘黄色，果肉厚 3.0 厘米左右。种子卵圆形，乳黄色，长 18 毫米左右，宽 10 毫米左右，千粒重 260 克。

6. 早熟红黑花面瓜

采集编号：P150782055

采集地点：呼伦贝尔市牙克石市牧原镇永兴村

高产、优质、抗病、耐寒。倭瓜甜面，口感好，耐存贮，种子大。生育期 80 天左右。主根长，侧根多。茎蔓生，多分枝。叶片大，深绿色，叶片心形，边缘大锯齿，互生；叶柄和叶面有刺，叶柄中空易折。花黄色，单性。果实扁球形，直径 23 厘米左右，果皮红色为主，带黑色条纹，果肉橘黄色，果肉厚 4.5 厘米左右。种子卵圆形，乳黄色，长 20 毫米左右，宽 12 毫米左右，千粒重 270 克。

7.早熟农家圆球灰倭瓜

采集编号：P150784057

采集地点：呼伦贝尔市额尔古纳市上库力农场伊根队

高产、优质、抗病、耐寒。倭瓜甜面，口感好，耐存贮。生育期80天左右。主根长，侧根多。茎蔓生，多分枝。叶片大，深绿色，叶片心形，边缘大锯齿，互生；叶柄和叶面有刺，叶柄中空易折。花黄色，单性。果实圆球形，直径20厘米左右，果皮灰色，果肉橘黄色，果肉厚3.0厘米左右。种子卵圆形，乳白色，长25毫米左右，宽12毫米左右，千粒重280克。

第三节　西葫芦

一、概述

西葫芦（*Cucurbita pepo*）是葫芦科南瓜属一年生蔓生草本植物，原产北美洲南部，中国于19世纪中叶开始从欧洲引入栽培，世界各地均有分布。其光照强度要求适中，较能耐弱光。果实形状因品种而异；茎有棱沟，叶柄粗壮，被短刚毛；叶片质硬，挺立，三角形或卵状三角形，上面深绿色，下面颜色较浅，叶脉两面均有糙毛。卷须稍粗壮。雌雄同株，雄花单生。

二、种质资源分布

本次普查与征集共获得西葫芦种质资源32份，分布在6个盟（市）的8个旗（县、市、区）（表3-5、表3-6）。

表3-5　普查与征集获得西葫芦种质资源分布情况

序号	盟（市）	旗（县、市、区）	种质资源数量
1	呼和浩特市	玉泉区	1
2	通辽市	奈曼旗	2
3	乌兰察布市	察哈尔右翼中旗	1
4	巴彦淖尔市	乌拉特前旗、乌拉特后旗	25
5	阿拉善盟	阿拉善右旗	1
6	呼伦贝尔市	鄂伦春自治旗、陈巴尔虎旗	2

表 3-6　普查与征集获得西葫芦种质资源特征信息

序号	旗（县、市、区）	种质名称	播种期	收获期	主要特性
1	玉泉区	菜葫芦	5 月下旬	7 月下旬	高产，优质，抗病，广适
2	奈曼旗	馅角瓜	4 月下旬	7 月上旬	优质，抗旱，耐贫瘠
3	奈曼旗	土城角瓜	5 月中旬	7 月下旬	优质，抗病，耐盐碱，抗旱，广适，耐贫瘠
4	察哈尔右翼中旗	西葫芦	5 月中旬	7 月中旬	优质
5	乌拉特前旗	白皮西葫芦	4 月下旬	8 月下旬	高产，抗病，广适
6	乌拉特前旗	东北高圆西葫芦	5 月中旬	8 月下旬	广适，耐热
7	乌拉特前旗	东北梨形西葫芦	5 月中旬	8 月下旬	广适，耐热
8	乌拉特前旗	美洲白西葫芦	5 月中旬	8 月下旬	广适，耐贫瘠，耐热
9	乌拉特前旗	酒泉金塔西葫芦	5 月中旬	8 月下旬	高产，抗病，广适，耐热
10	乌拉特前旗	东北圆白皮西葫芦	5 月中旬	8 月下旬	广适，耐热
11	乌拉特前旗	东北小圆扁西葫芦	5 月中旬	8 月下旬	广适，耐热
12	乌拉特前旗	早青西葫芦	5 月中旬	8 月下旬	广适，耐热
13	乌拉特前旗	东北中长蔓西葫芦	5 月中旬	8 月下旬	广适，耐贫瘠，耐热
14	乌拉特前旗	美洲长条西葫芦	5 月中旬	8 月下旬	广适，耐热
15	乌拉特前旗	美洲长棒白西葫芦	5 月中旬	8 月下旬	广适，耐热
16	乌拉特前旗	酒泉圆白西葫芦	5 月中旬	8 月下旬	广适，耐热
17	乌拉特前旗	酒泉长白西葫芦	5 月中旬	8 月下旬	广适，耐热
18	乌拉特前旗	金塔短圆西葫芦	5 月中旬	8 月下旬	广适，耐热
19	乌拉特前旗	东北短黄西葫芦	5 月中旬	8 月下旬	广适，耐热
20	乌拉特前旗	美洲浅花皮西葫芦	5 月中旬	8 月下旬	广适，耐热
21	乌拉特前旗	荷兰西葫芦	5 月中旬	8 月下旬	广适，耐热
22	乌拉特前旗	荷兰短圆西葫芦	5 月中旬	8 月下旬	广适，耐热
23	乌拉特前旗	酒泉长棒西葫芦	5 月中旬	8 月下旬	广适，耐热
24	乌拉特前旗	酒泉花皮西葫芦	5 月中旬	8 月下旬	广适，耐热
25	乌拉特前旗	短蔓中片西葫芦	5 月中旬	8 月下旬	广适，耐热
26	乌拉特前旗	山西西葫芦	5 月中旬	8 月下旬	广适，耐热
27	乌拉特前旗	山西短圆西葫芦	5 月中旬	8 月下旬	广适，耐热
28	乌拉特前旗	新安西葫芦	5 月中旬	8 月下旬	广适，耐热

（续表）

序号	旗（县、市、区）	种质名称	播种期	收获期	主要特性
29	乌拉特后旗	蒙汉西葫芦	5月中旬	8月下旬	广适
30	阿拉善右旗	金丝瓜（丝葫芦）	4月下旬	9月上旬	优质
31	鄂伦春自治旗	农家西葫芦	5月中旬	6月下旬	高产，优质，抗病，广适，耐寒
32	陈巴尔虎旗	农家角瓜	5月下旬	7月上旬	高产，优质，抗病，广适

三、优异种质资源

1. 土城角瓜

采集编号：P150525067

采集地点：通辽市奈曼旗土城子乡后头沟村

农家多年种植老品种，优质、抗病、耐盐碱、抗旱、广适、耐贫瘠，产量高，食用口感好。

2. 东北梨形西葫芦

采集编号：P150823014

采集地点：巴彦淖尔市乌拉特前旗新安镇换潮村

地方品种，短蔓，叶片缺刻浅，叶片无白斑，成熟瓜黄白色，中长筒形，广适，耐热。

3. 农家西葫芦

采集编号：P150723040

采集地点：呼伦贝尔市鄂伦春自治旗克一河镇镇郊

高产、优质、抗病、广适、耐寒。结瓜早，一年生，主根长，侧根多，吸水、吸肥能力强。茎半蔓生，短蔓。叶片大，深绿色，叶片3～7中裂或深裂，有小刺毛，互生；叶柄和叶面有刺，叶柄中空易折。花黄色，单性。果实长圆形，嫩果皮白色，成熟果实皮厚，呈乳黄色。种子呈卵圆形，乳白色，千粒重80克左右。种子可直接食用，具有保健功能。

4. 农家角瓜

采集编号：P150725035

采集地点：呼伦贝尔市陈巴尔虎旗巴彦库仁镇蔬菜基地

高产、优质、抗病、广适。主根长，侧根多，吸水、吸肥能力强。茎半蔓生。叶片大，深绿色，叶片 3～7 中裂或深裂，有小刺毛，互生；叶柄和叶面有刺，叶柄中空易折。花黄色，单性。果实长圆形，嫩果皮白色或花绿色，成熟果实皮厚，呈乳黄色。种子呈披针形，乳白色，千粒重 110 克。种子可榨油，食用具保健功能。

第四节　冬　瓜

一、概述

冬瓜（*Benincasa hispida*）是葫芦科冬瓜属一年生蔓生或架生草本植物。主要分布于亚洲热带、亚热带地区，澳大利亚东部及马达加斯加也有栽培。中国各地均有栽培，性喜温、耐热，短日照植物，根系发达，不耐旱，适应性强。通常雌雄同株，花单生，果实长圆柱状或近球状，大型，有硬毛和白霜，花果期为夏季，种子卵形。

二、种质资源分布

本次普查与征集共获得冬瓜种质资源 6 份，分布在 4 个盟（市）的 6 个旗（县、市、区）（表 3-7、表 3-8）。

表 3-7　普查与征集获得冬瓜种质资源分布情况

序号	盟（市）	旗（县、市、区）	种质资源数量
1	包头市	九原区	1
2	通辽市	开鲁县、库伦旗、奈曼旗	3
3	赤峰市	敖汉旗	1
4	乌海市	乌达区	1

表 3-8　普查与征集获得冬瓜种质资源特征信息

序号	旗（县、市、区）	种质名称	播种期	收获期	主要特性
1	九原区	九原大冬瓜	5 月中旬	9 月中旬	抗病，广适
2	开鲁县	花纹冬瓜	5 月上旬	8 月下旬	高产，优质，抗病，抗旱，广适

（续表）

序号	旗（县、市、区）	种质名称	播种期	收获期	主要特性
3	库伦旗	库伦冬瓜	4月中旬	7月上旬	高产，优质，抗旱
4	奈曼旗	东明冬瓜	5月上旬	9月中旬	高产，优质，抗旱
5	敖汉旗	冬瓜	5月上旬	9月下旬	
6	乌达区	乌海冬瓜	4月上旬	10月上旬	高产，抗病，抗虫，耐盐碱，抗旱，耐寒

三、优异种质资源

1. 东明冬瓜

采集编号：P150525015

采集地点：通辽市奈曼旗东明镇东明村

优良农家种，个大、皮薄、高产、优质、抗旱。

2. 乌海冬瓜

采集编号：P150304002

采集地点：乌海市乌达区乌兰淖尔镇泽园新村

高产、抗病、抗虫、耐盐碱、抗旱、耐寒，皮厚耐光，个体适中。

3. 库伦冬瓜

采集编号：P150524019

采集地点：通辽市库伦旗库伦镇下希泊嘎查

多年留种育成品质优良农家种，高产、优质、抗旱、个大、皮薄。

第五节　瓠　瓜

一、概述

瓠瓜（*Lagenaria siceraria*）是葫芦科葫芦属一年生攀缘草本植物。原产于非洲南部低地，主要分布在非洲、印度次大陆、东南亚等地，在中国也有广泛的分布，以中国长江以南为主。瓠瓜是喜温、耐热、喜光作物，性喜温暖湿润气候。花期夏季，果期秋季，一般播种繁殖。瓠果圆柱状，绿白色，稍弯曲，果肉白色。

二、种质资源分布

本次普查与征集共获得瓠瓜种质资源 4 份，分布在 4 个盟（市）的 4 个旗（县、市、区）（表 3-9、表 3-10）。

表 3-9　普查与征集获得瓠瓜种质资源分布情况

序号	盟（市）	旗（县、市、区）	种质资源数量
1	通辽市	开鲁县	1
2	赤峰市	阿鲁科尔沁旗	1
3	巴彦淖尔市	乌拉特后旗	1
4	乌海市	乌达区	1

表 3-10　普查与征集获得瓠瓜种质资源特征信息

序号	旗（县、市、区）	种质名称	播种期	收获期	主要特性
1	开鲁县	瓠子	5月上旬	7月下旬	高产，优质，抗病，抗旱，广适
2	阿鲁科尔沁旗	大葫芦	5月下旬	10月上旬	高产，优质，抗病，抗虫，广适，耐寒，耐热
3	乌拉特后旗	葫芦	4月上旬	8月上旬	广适
4	乌达区	乌达中型瓠子	2月下旬	10月上旬	高产，优质，抗病，抗虫，耐贫瘠

三、优异种质资源

1. 瓠子

采集编号：P150523019

采集地点：通辽市开鲁县麦新镇水泉村

经过多年留种选育而成的品质优良的农家种，高产、优质、抗病、抗旱、广适。

2. 大葫芦

采集编号：P150421119

采集地点：赤峰市阿鲁科尔沁旗新民镇新民村

高产、优质、抗病、抗虫、耐寒、耐热、广适。用来观赏和做瓢，亩种植 600 株，每亩可结 1 200～1 800 个葫芦。

第六节　丝　瓜

一、概述

丝瓜（*Luffa aegyptiaca*）是葫芦科丝瓜属一年生攀缘藤本植物。广泛栽培于世界温带、热带地区，中国南北各地普遍栽培，云南南部有野生，但果较短小。花果期夏、秋季。果实圆柱状，直或稍弯，表面一般平滑，通常有深色纵条纹，未熟时肉质，成熟干燥后，里面呈网状纤维。

二、种质资源分布

本次普查与征集共获得丝瓜种质资源 3 份，分布在 2 个盟（市）的 3 个旗（县、市、区）（表 3-11、表 3-12）。

表 3-11　普查与征集获得丝瓜种质资源分布情况

序号	盟（市）	旗（县、市、区）	种质资源数量
1	巴彦淖尔市	五原县、磴口县	2
2	乌海市	乌达区	1

表 3-12　普查与征集获得丝瓜种质资源特征信息

序号	旗（县、市、区）	种质名称	播种期	收获期	主要特性
1	五原县	五原丝瓜	5月上旬	9月中旬	高产，优质
2	磴口县	丝瓜	4月下旬	9月下旬	优质，广适
3	乌达区	乌达耐旱丝瓜	4月上旬	7月中旬	高产，抗病，抗虫，耐盐碱

三、优异种质资源

1. 五原丝瓜

采集编号：P150821035

采集地点：巴彦淖尔市五原县隆兴昌镇荣誉村

高产、优质。茎、枝粗糙，有棱沟，被微柔毛，叶片三角形或近圆形，长、通常掌状 5～7 裂，裂片三角形，中间的较长，具有白色的短柔毛。夏季叶腋开单性花。

2. 乌达耐旱丝瓜

采集编号：P150304008

采集地点：乌海市乌达区乌兰淖尔镇泽园新村

高产、抗病、抗虫、耐盐碱。果实圆柱形，直或稍弯，表面平滑，通常有深色纵条纹，未熟时肉质，成熟后干燥，里面呈网状纤维。花果期夏、秋季。

第四章

根茎类蔬菜

　　根茎类蔬菜是以肥大肉质直根为产品器官的蔬菜类型，包括了十字花科、伞形科、藜科植物等，我国南北各地普遍栽培。本次普查与征集的根茎类蔬菜种质资源共 96 份，其中萝卜 28 份、胡萝卜 21 份、蔓菁 11 份、根用芥菜 19 份、蔓菁甘蓝 3 份、球茎甘蓝 8 份、茎用莴苣 2 份、根甜菜 3 份、牛蒡 1 份。

第一节　萝　卜

一、概述

萝卜（*Raphanus sativus*）是十字花科萝卜属中能形成肥大肉质根的一、二年生植物，俗称芦菔、莱菔，萝卜一名是唐代才开始采用的。一般作为一年生作物栽培。关于萝卜的起源有多种说法，现今一般认为萝卜的原始种起源于欧、亚温暖海岸的野萝卜。萝卜在中国栽培历史悠久。萝卜在中国北方为冬、春供应的主要蔬菜之一，而在中国南方则周年栽培。萝卜肉质根中富含人体需要的营养物质，其中淀粉酶的含量高。萝卜具蔬菜、水果、加工腌制品等多种用途。此外，白萝卜的根、叶子及收种后的老萝卜（地骷髅），有祛痰、消积、利尿、止泻等效用，萝卜及种子中的芥籽油对大肠杆菌等有抑制作用，因而萝卜也是药用植物，并为人民所喜爱，故在蔬菜栽培和周年供应中有重要地位。

二、种质资源分布

本次普查与征集共获得萝卜种质资源 28 份，分布在 8 个盟（市）的 18 个旗（县、市、区）（表 4-1、表 4-2）。

表 4-1　普查与征集获得萝卜种质资源分布情况

序号	盟（市）	旗（县、市、区）	种质资源数量
1	包头市	东河区、白云鄂博矿区、九原区、土默特右旗	9
2	通辽市	霍林郭勒市	1
3	赤峰市	松山区、巴林左旗	5
4	乌兰察布市	察哈尔右翼中旗	1
5	巴彦淖尔市	磴口县、乌拉特中旗、乌拉特后旗	4
6	乌海市	海南区	1
7	阿拉善盟	阿拉善左旗	1
8	呼伦贝尔市	额尔古纳市、陈巴尔虎旗、新巴尔虎右旗、满洲里市、扎赉诺尔区	6

表 4-2　普查与征集获得萝卜种质资源特征信息

序号	旗（县、市、区）	种质名称	播种期	收获期	主要特性
1	东河区	东河心里美	5月下旬	8月中旬	优质，抗病，广适，耐寒
2	东河区	沙尔沁青萝卜	5月下旬	8月中旬	优质，抗病，广适，耐寒
3	白云鄂博矿区	白云白萝卜	5月下旬	8月中旬	优质，抗病，广适，耐寒
4	白云鄂博矿区	白云水萝卜	5月下旬	8月中旬	优质，抗病，广适，耐寒
5	白云鄂博矿区	小五樱水萝卜	5月上旬	8月中旬	优质，抗病，广适
6	白云鄂博矿区	南畔洲水萝卜	5月上旬	8月中旬	优质，抗病，广适
7	九原区	心里美	7月中旬	9月下旬	高产，优质，广适，耐寒
8	九原区	哈林格尔青萝卜	7月中旬	9月下旬	高产，优质，广适，耐寒
9	土默特右旗	小水萝卜	5月中旬	9月上旬	抗病，抗旱，耐贫瘠
10	霍林郭勒市	水萝卜	6月上旬	8月上旬	优质，耐寒，耐贫瘠
11	松山区	冈水萝卜	5月上旬	8月下旬	其他
12	松山区	翘头青萝卜	5月上旬	9月下旬	优质，抗旱，广适
13	松山区	冈水萝卜	5月上旬	11月下旬	优质，抗旱，广适
14	松山区	白长萝卜	5月上旬	9月下旬	优质，抗旱，广适
15	巴林左旗	心里美萝卜	5月下旬	9月上旬	高产，优质，耐贫瘠
16	察哈尔右翼中旗	小五叶水萝卜	5月中旬	7月中旬	优质
17	磴口县	磴口心里美	7月下旬	10月中旬	优质，广适，耐寒
18	磴口县	磴口青萝卜	7月下旬	10月下旬	优质，广适
19	乌拉特中旗	石哈河胡萝卜	4月上旬	7月下旬	优质，抗病，抗虫，抗旱，耐寒，耐贫瘠
20	乌拉特后旗	水萝卜	4月上旬	7月下旬	广适
21	海南区	青萝卜	5月中旬	9月中旬	高产，耐盐碱，广适，耐贫瘠，耐热
22	阿拉善左旗	红皮萝卜	5月上旬	6月下旬	优质，广适，耐热
23	额尔古纳市	农家大水萝卜	5月上旬	6月中旬	高产，优质，抗病，广适，耐寒
24	额尔古纳市	农家翘头青萝卜	6月下旬	9月下旬	高产，广适
25	陈巴尔虎旗	农家红萝卜	7月上旬	9月下旬	高产，广适
26	新巴尔虎右旗	农家绊倒驴高桩绿萝卜	6月下旬	9月下旬	高产，广适

（续表）

序号	旗（县、市、区）	种质名称	播种期	收获期	主要特性
27	满洲里市	翠青萝卜	8月中旬	10月中旬	高产
28	扎赉诺尔区	农家小红水萝卜	5月上旬	6月中旬	优质，抗病，耐寒

三、优异种质资源

1. 心里美

采集编号：P150207003

采集地点：包头市九原区哈林格尔镇兰桂村

地方品种，具有高产、优质、广适、耐寒、口感好、商品性好等特性。每年7月中旬播种，9月下旬采收。直根肉质，长圆形、球形或圆锥形，外皮绿色、白色或红色，茎有分枝，无毛，稍具粉霜。

2. 翘头青萝卜

采集编号：P150404038

采集地点：赤峰市松山区上官地镇郝家沟村

地方品种，具有优质、抗旱、广适等特性。每年5月上旬播种，9月下旬采收。品质好，虽然产量不高，但长势强，抗倒伏。食饲两用。

3. 青萝卜

采集编号：P150303008

采集地点：乌海市海南区巴音陶亥镇赛汗乌素村

地方品种，具有高产、耐盐碱、广适、耐贫瘠、耐热等特性。每年5月中旬播种，9月中旬采收。肉质根细长圆筒形，皮翠绿色，尾端白色，口感脆嫩，耐贮存。

4. 农家小红水萝卜

采集编号：P150703056

采集地点：呼伦贝尔市扎赉诺尔区灵泉镇光明社区

地方品种，具有优质、抗病、耐寒等特性。每年5月上旬播种，6月中旬采收。水萝卜皮红色、色泽鲜亮，肉白色。肉质根可直接食用，口感好，亦可配菜。根可药用，有滋阴降火、消肿解毒等功效。

第二节　胡萝卜

一、概述

胡萝卜（*Daucus carota* var. *sativa*）是伞形科胡萝卜属一年生或二年生草本植物，别名红萝卜、黄萝卜、丁香萝卜、药性萝卜等。胡萝卜的起源，多数学者认为是起源于亚洲西部，阿富汗为紫色胡萝卜最早演化中心，其栽培历史已有 2 000 年以上。中国关于胡萝卜的记载始见于宋、元时期。胡萝卜含有丰富的胡萝卜素，每 100 克鲜重含胡萝卜素 1.67 ～ 12.10 毫克，其含量为番茄的 5 ～ 7 倍，在人体中可分解成维生素 A。胡萝卜用途广泛，可以煮食代粮，可以生食当水果，亦可作蔬菜烹饪和凉拌。在医学上有降低血压、强心、消炎、抗过敏等作用，对贫血、肠胃病、肺病等多种疾病有食疗作用。胡萝卜还可作酱渍、腌渍、糖渍、泡菜，或加工成胡萝卜汁、胡萝卜酱、脱水胡萝卜、速冻胡萝卜等产品。胡萝卜还是上等的饲料。

二、种质资源分布

本次普查与征集共获得胡萝卜种质资源 21 份，分布在 9 个盟（市）的 14 个旗（县、市、区）（表 4–3、表 4–4）。

表 4–3　普查与征集获得胡萝卜种质资源分布情况

序号	盟（市）	旗（县、市、区）	种质资源数量
1	呼和浩特市	玉泉区	2
2	包头市	东河区、石拐区、九原区、达尔罕茂明安联合旗	8
3	通辽市	霍林郭勒市	1
4	乌兰察布市	察哈尔右翼中旗、丰镇市	2
5	鄂尔多斯市	达拉特旗	1
6	巴彦淖尔市	磴口县	1
7	乌海市	海南区	3
8	阿拉善盟	阿拉善左旗、阿拉善右旗	2
9	呼伦贝尔市	海拉尔区	1

表 4-4 普查与征集获得胡萝卜种质资源特征信息

序号	旗（县、市、区）	种质名称	播种期	收获期	主要特性
1	玉泉区	黄胡萝卜	5月下旬	9月下旬	高产，优质，抗病，广适
2	玉泉区	红胡萝卜	5月下旬	9月下旬	高产，优质，抗病，广适
3	东河区	真红胡萝卜	5月中旬	9月下旬	高产，优质，广适
4	石拐区	橙红萝卜	5月上旬	9月下旬	优质，广适，耐热
5	石拐区	石拐胡萝卜	5月上旬	9月下旬	优质，广适，耐贫瘠
6	九原区	红萝卜	5月下旬	9月中旬	高产，优质，抗病，广适，耐寒，耐热
7	九原区	三红胡萝卜	5月下旬	9月中旬	高产，优质，抗病，广适，耐寒，耐热
8	九原区	黄胡萝卜	5月下旬	9月中旬	高产，优质，抗病，广适，耐寒，耐热
9	九原区	老白萝卜	5月下旬	9月中旬	高产，优质，抗病，广适，耐寒，耐热
10	达尔罕茂明安联合旗	齐头黄	5月上旬	9月下旬	优质，广适
11	霍林郭勒市	胡萝卜	5月中旬	9月下旬	高产，优质
12	察哈尔右翼中旗	黄萝卜	5月中旬	9月中旬	优质
13	丰镇市	露八分萝卜	5月上旬	9月中旬	高产，优质，抗病，抗虫，抗旱，耐贫瘠
14	达拉特旗	胡萝卜（黄萝卜）	6月上旬	8月上旬	高产，抗病，抗虫
15	磴口县	磴口黄萝卜	4月下旬	10月中旬	优质，广适
16	海南区	黄萝卜	5月下旬	9月中旬	优质，抗病，耐盐碱，抗旱，耐贫瘠，耐热
17	海南区	红萝卜	5月下旬	9月中旬	高产，优质，耐盐碱，广适，耐寒
18	海南区	巴香黄萝卜	5月下旬	9月中旬	高产，优质，广适
19	阿拉善左旗	胡萝卜	5月上旬	10月上旬	高产，抗病，耐盐碱，抗旱，广适，耐涝，耐贫瘠
20	阿拉善右旗	黄萝卜	5月上旬	9月下旬	优质，抗旱，耐热
21	海拉尔区	农家黄胡萝	6月下旬	9月下旬	高产，优质，抗病，广适

三、优异种质资源

1. 三红胡萝卜

采集编号：P150207040

采集地点：包头市九原区哈林格尔镇哈林格尔村

地方品种，具有高产、优质、抗病、广适、耐寒、耐热等特性。每年 5 月下旬播种，9 月中旬采收。直根肉质，长圆形、球形或圆锥形，外皮红色、肉红色、心红色。口感好，商品性好。

2. 露八分萝卜

采集编号：P152628027

采集地点：乌兰察布市丰镇市南城区街道新城湾村

地方品种，具有高产、优质、抗病、抗虫、抗旱、耐贫瘠等特性。每年 5 月上旬播种，9 月中旬采收。肉质直根，长圆形、球形或圆锥形，外皮黄色。

3. 红萝卜

采集编号：P150303015

采集地点：乌海市海南区巴音陶亥镇万亩滩村

地方品种，具有高产、优质、耐盐碱、广适、耐寒等特性。每年 5 月下旬播种，9 月中旬采收。根直筒形，根形好，收尾好，耐裂根，田间保持力好；根色浓，外皮红色、心红色，表皮光滑。

4. 农家黄胡萝卜

采集编号：P150702027

采集地点：呼伦贝尔市海拉尔区哈克镇哈克村

地方品种，具有高产、优质、抗病、广适等特性。每年 6 月下旬播种，9 月下旬采收。根作蔬菜食用，并含多种维生素 B、维生素 C 及胡萝卜素。补肝明目，清热解毒。

第三节　蔓　菁

一、概述

蔓菁（*Brassica rapa*）是十字花科芸薹属二年生草本植物，别名芜菁、圆根、盘菜等，主要以肥大的肉质根供食用。蔓菁的起源中心在地中海沿岸及阿富汗、巴基斯坦及外高加索等地，由油用亚种演化而来。蔓菁在世界上有悠久的栽培历史，古埃及、希腊和罗马就已普遍栽培。法国是欧洲多数食用蔓菁的原产地，自引种马铃薯后，蔓菁作为食品的意义才逐渐变小。

蔓菁是中国古老的蔬菜之一。早在《尚书·禹贡》就有记载："包匦菁茅"，注云："菁，蔓菁也。"公元154年，汉桓帝诏曰："蝗灾为害，水变仍至，五谷不登，人无宿储。其令所伤郡国皆种芜菁，以助人食。"贾思勰著《齐民要术》中，更有蔓菁栽培方法的记载。蔓菁在中国的华北、西北、云贵地区以及江浙一带早有种植。其肉质根有较丰富的营养，干物质含量较高，一般为9.5%～12.0%。蔓菁的肉质根组织柔嫩致密，味稍甜，煮食风味甚佳，可以代粮，也可用于盐渍和炒食。适应性强，栽培容易，肉质根耐贮藏。

二、种质资源分布

本次普查与征集共获得蔓菁种质资源11份，分布在4个盟（市）的9个旗（县、市、区）（表4-5、表4-6）。

表4-5　普查与征集获得蔓菁种质资源分布情况

序号	盟（市）	旗（县、市、区）	种质资源数量
1	包头市	东河区、九原区、达尔罕茂明安联合旗	4
2	巴彦淖尔市	磴口县、乌拉特中旗、乌拉特后旗	3
3	乌海市	海南区、乌达区	3
4	阿拉善盟	阿拉善左旗	1

表4-6　普查与征集获得蔓菁种质资源特征信息

序号	旗（县、市、区）	种质名称	播种期	收获期	主要特性
1	东河区	东河白蔓菁	5月下旬	8月中旬	优质，抗病，广适，耐寒
2	九原区	白蔓菁	7月下旬	9月下旬	高产，优质，广适
3	九原区	蔓菁	7月下旬	9月下旬	高产，优质，广适
4	达尔罕茂明安联合旗	达茂芜菁	5月中旬	10月中旬	优质，抗病，广适
5	磴口县	磴口蔓菁	7月下旬	10月中旬	广适，耐寒

（续表）

序号	旗（县、市、区）	种质名称	播种期	收获期	主要特性
6	乌拉特中旗	乌加河蔓菁	4月下旬	6月下旬	高产，优质，抗病，耐寒，耐涝，耐贫瘠
7	乌拉特后旗	巴音蔓菁	3月上旬	6月下旬	广适
8	海南区	蔓菁	8月上旬	10月上旬	优质，抗病，抗虫，耐盐碱，耐寒
9	海南区	青蔓菁	7月中旬	10月上旬	高产，优质，抗病，抗虫，耐盐碱，广适，耐寒
10	乌达区	乌达脆甜蔓菁	7月中旬	10月上旬	高产，优质，抗虫，耐盐碱，抗旱，耐寒，耐贫瘠
11	阿拉善左旗	饲用蔓菁	7月中旬	10月上旬	高产，抗病，抗旱，耐寒，耐贫瘠

三、优异种质资源

1. 白曼菁

采集编号：P150207010

采集地点：包头市九原区哈林格尔镇哈林格尔村

地方品种，具有高产、优质、广适等特性。每年7月下旬播种，9月下旬采收。块根肉质，球形、扁圆形或长圆形，外皮白色、根肉质白色。口感好，商品性好。

2. 乌加河蔓菁

采集编号：P150824036

采集地点：巴彦淖尔市乌拉特中旗乌加河镇宏伟村

地方品种，具有高产、优质、抗病、耐寒、耐涝、耐贫瘠等特性。每年4月下旬播种，6月下旬采收。根短圆锥形、扁球形，肉质柔软致密，肥大。块茎可以腌制酸菜，也可作饲料，促进当地农牧业发展。

3. 饲用蔓菁

采集编号：P152921022

采集地点：阿拉善盟阿拉善左旗巴润别立镇阿拉腾塔拉嘎查

地方品种，具有高产、抗病、抗旱、耐寒、耐贫瘠等特性。每年7月中旬播种，10月上旬采收。块根肉质，呈白色或黄色、球形、扁圆形或长椭圆形。

第四节　根用芥菜

一、概述

芥菜类蔬菜是十字花科芸薹属芥菜种中的栽培种群。国内外均公认芥菜（*Brassica juncea*）是由芸薹即白菜的原始种（*Brassica rapa* var. *oleifera*，$2n=A=20$）与黑芥（*Brassica nigra*，$2n=BB=16$）天然杂交再自然加倍形成的双二倍体或称异源四倍体复合种（$2n=AABB=36$）。中国是芥菜的起源地或起源地之一，资源非常丰富，全国各地普遍栽培。

世界各国至今均以籽用芥菜作油料作物，唯有中国的芥菜演化出以根、茎、叶供食的丰富类型。根据中国的出土文物及历史典籍，其演化过程为：公元前 11 世纪，只利用芥菜籽作调味品；6—15 世纪，利用芥菜的叶作蔬菜食用，叶的大小、叶柄宽窄、叶色等出现了多种变异类型；16 世纪出现了根芥和薹芥。在随后的几个世纪，根芥和薹芥继续分化，根芥中产生了圆柱、圆锥、近圆球形的类型，而薹芥也产生了单薹与多薹型。18 世纪出现了茎芥，在随后的年代里，茎芥又分化出棒状肉质茎、瘤状肉质茎和主茎与腋芽同时膨大的类型。芥菜富含维生素、矿物质，磷、钙含量高过许多蔬菜，尤其含硫葡萄糖苷，使其存在不同程度的辛辣味，熟食及腌制品味极鲜美。

根芥只有 1 个变种，即大头芥变种，株高 30～70 厘米。叶浅绿、绿、深绿、酱红或绿间红色，长椭圆形或大头羽状浅裂或深裂，叶面平滑，无刺毛，蜡粉少，叶缘具细锯齿。叶长 30～40 厘米，宽 15～20 厘米，叶柄长 6～15 厘米，宽 0.8～1.0 厘米，厚约 0.9 厘米。肉质根圆球形、圆柱形或圆锥形，纵径约 15 厘米，横径 5～10 厘米，入土 1/3～3/5，地上部表皮浅绿色，入土部分白色，表面光滑，肉白色，单根鲜重 0.45～0.60 千克。大头芥供食的肉质根具强烈辛辣味，故俗称辣疙瘩、冲菜、芥头，一般不作鲜食。

二、种质资源分布

本次普查与征集共获得根用芥菜种质资源 19 份，分布在 8 个盟（市）的 14 个旗（县、市、区）（表 4-7、表 4-8）。

表 4-7 普查与征集获得根用芥种质资源分布情况

序号	盟（市）	旗（县、市、区）	种质资源数量
1	呼和浩特市	玉泉区	2
2	包头市	达尔罕茂明安联合旗、九原区	6
3	赤峰市	巴林左旗、元宝山区	2
4	乌兰察布市	化德县、商都县、察哈尔右翼中旗	3
5	巴彦淖尔市	磴口县	1
6	乌海市	海南区	1
7	呼伦贝尔市	新巴尔虎右旗、扎兰屯市、满洲里市	3
8	通辽市	科尔沁区	1

表 4-8 普查与征集获得根用芥种质资源特征信息

序号	旗（县、市、区）	种质名称	播种期	收获期	主要特性
1	玉泉区	小花缨芥菜	5月下旬	8月下旬	高产，优质，抗病，广适
2	玉泉区	蔓菁	5月下旬	8月中旬	高产，优质，抗病，广适
3	达尔罕茂明安联合旗	达茂芥菜	5月中旬	10月中旬	优质，抗病，广适
4	九原区	牛毛芥菜	7月下旬	9月下旬	高产，优质，抗病，广适，耐寒
5	九原区	大牛毛芥菜	7月下旬	9月下旬	高产，优质，抗病，广适，耐寒
6	九原区	花叶牛毛芥菜	7月下旬	9月下旬	优质，广适
7	九原区	金皇后	5月中旬	9月中旬	抗病，广适
8	九原区	光头芥菜	7月下旬	9月下旬	高产，优质，抗病，广适，耐寒
9	巴林左旗	芥蒿菜	5月上旬	9月下旬	优质，耐贫瘠
10	元宝山区	芥菜	7月中旬	10月中旬	高产，耐寒
11	化德县	花叶芥菜	6月下旬	9月上旬	广适
12	商都县	本地芥菜	5月中旬	9月中旬	高产，抗病，抗旱，耐寒，耐贫瘠，耐热
13	察哈尔右翼中旗	芥菜	5月中旬	8月中旬	优质

（续表）

序号	旗（县、市、区）	种质名称	播种期	收获期	主要特性
14	磴口县	磴口芥菜	7月中旬	10月下旬	优质，广适，耐寒
15	海南区	东农花叶芥菜	5月中旬	10月中旬	抗病，抗虫，耐盐碱，抗旱，广适，耐寒，耐贫瘠，耐热
16	新巴尔虎右旗	农家芥菜	7月上旬	9月下旬	高产，优质，抗病，广适
17	扎兰屯市	农家大根头芥菜	7月上旬	9月下旬	高产，优质，抗病，广适
18	满洲里市	特选小花缨	7月下旬	9月下旬	耐寒
19	科尔沁区	花叶芥菜	5月中旬	9月下旬	高产，优质，抗病，抗旱，广适

三、优异种质资源

1. 花叶牛毛芥菜

采集编号：P150207013

采集地点：包头市九原区哈林格尔镇哈林格尔村

地方品种，具有优质、广适等特性。每年 7 月下旬播种，9 月下旬采收。口感好，商品性好。

2. 农家大根头芥菜

采集编号：P150783047

采集地点：呼伦贝尔市扎兰屯市达斡尔民族乡二村

地方品种，具有高产、优质、抗病、广适等特性。每年 7 月上旬播种，9 月下旬采收。块根较大，卵圆形，有辣味，耐贮存。

3. 花叶芥菜

采集编号：P150502047

采集地点：通辽市科尔沁区大林镇二十八户村

地方品种，具有高产、优质、抗病、抗旱、广适等特性。每年 5 月中旬播种，9 月下旬采收。经过多年留种选育而成的优良农家种，块根盐腌或酱渍供食用。

第五节　蔓菁甘蓝

一、概述

蔓菁甘蓝（*Brassica napus* var. *napobrassica*）是十字花科芸薹属中能形成肉质根的栽培种，别名洋蔓菁、洋疙瘩、洋大头菜等。起源于地中海沿岸或瑞典，又称瑞典蔓菁。一般认为蔓菁甘蓝是蔓菁（$2n=20$）与甘蓝（$2n=18$）的杂交种。18世纪传入法国，有黄肉、白肉两种类型。19世纪传入中国、日本。欧美各国及中国、日本等国家普遍栽培。

蔓菁甘蓝具有适应性广、抗逆力强、易栽培、产量高以及可粮菜兼用等特点，在中国河北、河南、山东、内蒙古、上海、江苏、福建、云南、贵州等地均有栽培。蔓菁甘蓝肉质根含干物质较多，达7.1%～9.0%。宜煮食，可代粮，供菜用时可以炒食或盐渍，也是很好的饲料。蔓菁甘蓝根系发达，吸收力强，植株生长旺盛，增产潜力大。在粗放管理的情况下，一般每公顷产量45 000～60 000千克；肥水充足，生长期又较长时，每公顷产量可达112 500～150 000千克。

二、种质资源分布

本次普查与征集共获得蔓菁甘蓝种质资源3份，分布在3个盟（市）的3个旗（县、市、区）（表4-9、表4-10）。

表4-9　普查与征集获得蔓菁甘蓝种质资源分布情况

序号	盟（市）	旗（县、市、区）	种质资源数量
1	包头市	固阳县	1
2	兴安盟	阿尔山市	1
3	呼伦贝尔市	根河市	1

表4-10　普查与征集获得蔓菁甘蓝种质资源特征信息

序号	旗（县、市、区）	种质名称	播种期	收获期	主要特性
1	固阳县	固阳蔓菁	8月中旬	10月中旬	优质，广适，耐寒
2	阿尔山市	卜留克	5月上旬	10月上旬	高产，抗旱，耐寒
3	根河市	农家布留克	6月下旬	9月下旬	高产，优质，广适，耐寒

三、优异种质资源

1. 卜留克

采集编号：P152202004

采集地点：兴安盟阿尔山市天池镇伊尔施村

地方品种，具有高产、抗旱、耐寒等特性。每年 5 月上旬播种，10 月上旬采收。卜留克是阿尔山市获得农产品地理标志认证的优质作物，抗旱，不需要灌溉工程，耐寒性好，只生长在高纬度、气候冷凉地区，在我国只有阿尔山等大兴安岭地区种植，具有独特的地域生长习性。卜留克鲜、香、嫩、脆，富含多种微量元素和氨基酸，亩产可达 3 500 千克。阿尔山是国家 5A 级旅游景区，森林覆盖率高，卜留克种植完全按照自然生长和绿色有机产品标准生产，无任何污染。

2. 农家布留克

采集编号：P150785026

采集地点：呼伦贝尔市根河市河西街道

地方品种，具有高产、优质、广适、耐寒等特性。每年 6 月下旬播种，9 月下旬采收。耐寒性强，种子能在 2 ～ 3℃时发芽，生长适温为 13 ～ 18℃，幼苗能耐 –2 ～ –1℃低温。幼苗的耐旱性较强。该品种高钙、低脂、低钠。

第六节　球茎甘蓝

一、概述

球茎甘蓝（*Brassica oleracea* var. *gongylodes*）是十字花科芸薹属甘蓝种中能形成肉质茎的变种，二年生草本植物，别名苤蓝、擘蓝、菘、玉蔓菁、芥蓝头等。食用器官为膨大的短缩茎，肉质脆嫩。球茎甘蓝原产于地中海沿岸，世界各地都有栽培，德国栽培最多。16 世纪传入中国，现全国各地均有栽培，但以北方及西南各地栽培较普遍。球茎甘蓝有相当高的营养价值，每 100 克产品含碳水化合物 2.8 ～ 5.2 克、维生素 C 34 ～ 64 毫克。其对气候的适应性比较强，能在春、秋两季进行栽培。球茎甘蓝既耐运输又耐贮藏，既能鲜食又是加工各种腌菜的重要原料。近些年来，北方逐渐推广早熟球茎甘蓝，对调剂春、秋淡季蔬菜供应起着一定的作用。

二、种质资源分布

本次普查与征集共获得球茎甘蓝种质资源 8 份，分布在 4 个盟（市）的 6 个旗（县、市、区）（表 4–11、表 4–12）。

表 4–11　普查与征集获得球茎甘蓝种质资源分布情况

序号	盟（市）	旗（县、市、区）	种质资源数量
1	包头市	九原区、东河区、达尔罕茂明安联合旗	5
2	巴彦淖尔市	磴口县	1
3	阿拉善盟	阿拉善左旗	1
4	呼伦贝尔市	新巴尔虎左旗	1

表 4–12　普查与征集获得球茎甘蓝种质资源特征信息

序号	旗（县、市、区）	种质名称	播种期	收获期	主要特性
1	九原区	兰桂芋头	4月下旬	9月下旬	高产，优质，广适
2	九原区	板芋头	4月下旬	9月下旬	高产，优质，抗病，广适，耐寒
3	东河区	大苤蓝	5月下旬	10月上旬	优质，抗病，广适，耐寒
4	达尔罕茂明安联合旗	达茂大青苤	5月中旬	10月中旬	优质，抗病，广适
5	达尔罕茂明安联合旗	达茂青苤蓝	5月中旬	10月中旬	优质，抗病，广适
6	磴口县	磴口芋头	7月下旬	10月下旬	优质，耐涝
7	阿拉善左旗	茄莲	5月上旬	9月下旬	高产，抗病，耐盐碱，耐贫瘠
8	新巴尔虎左旗	农家绿苤蓝	6月下旬	9月下旬	优质，抗病，耐寒

三、优异种质资源

1. 兰桂芋头

采集编号：P150207002

采集地点：包头市九原区哈林格尔镇兰桂村

地方品种，具有高产、优质、广适等特性。每年4月下旬播种，9月下旬采收。

2. 板芋头

采集编号：P150207005

采集地点：包头市九原区哈林格尔镇哈林格尔村

地方品种，具有高产、优质、抗病、广适、耐寒等特性。每年4月下旬播种，9月下旬采收。

3. 农家绿茎蓝

采集编号：P150726042

采集地点：呼伦贝尔市新巴尔虎左旗阿木古郎镇

地方品种，株高50厘米左右。全株光滑无毛。花黄白色，总状花序；萼片4，花瓣4，雄蕊4强，雌蕊1，子房上位，柱头头状。角果长圆柱形，喙常很短，且于基部膨大。具叶的肉质球茎，直径10厘米左右，外皮淡绿色，内部的肉白色。叶长30～40厘米，叶柄较长；叶片卵状矩圆形，光滑，被有白粉，边缘有明显的齿或缺刻。种子小，球形，千粒重2克。

4. 茄莲

采集编号：P152921026

采集地点：阿拉善盟阿拉善左旗巴彦浩特镇

地方品种，株高30～60厘米。全株光滑无毛。茎短，离地面2～4厘米处开始膨大而成为坚硬的、长椭圆形、球形或扁球形、具叶的肉质球茎，直径5～10厘米，或过之；外皮通常淡绿色，亦有绿色或紫色者，内部的肉白色。叶长20～40厘米，其中有1/3～1/2为叶柄；叶片卵形或卵状矩圆形，光滑，被有白粉，边缘有明显的齿或缺刻，近基部通常有1～2裂片；花茎上的叶似茎叶而较小，叶柄柔弱。

第七节　茎用莴苣

一、概述

莴苣（*Lactuca sativa*）是菊科莴苣属一年生或二年生草本植物，以叶和嫩茎为主要产品器官，别名千斤菜等。原产亚洲西部和地中海沿岸。宋代《清异录》记载："呙国使者来汉，隋人求得菜种，酬之甚厚，故因名千金菜，今莴苣也。"即说明莴苣是隋代（公元581—618年）才传入中国的外来蔬菜，但它的具体引入过程尚无史书记载。莴苣营养丰富，含有蛋白质、脂肪、碳水化合物，以及各种维生素、矿物质和微量元素，尤其是叶片含有较多的胡萝卜素，茎、叶的乳状汁液中还含多种有机化合物，如有机酸、甘露醇及莴苣素（$C_{11}H_1O$ 或 $C_{12}H_{36}O_7$）等。莴苣素味苦，有镇痛、催眠的作用。莴苣可入药，能利五脏，通经脉，清畏热。

莴苣按食用部位不同可分为叶用莴苣和茎用莴苣两种。茎用莴苣——莴笋（*Lactuca sativa* var. *angustata*）是在中国特有的地理和气候条件下演变成的。元·司农司撰《农桑辑要》（公元1273年）莴苣条说："正月、二月种之，九十日收，其茎嫩如指大高可逾尺，去皮蔬食，又可糟藏，谓之莴苣笋。"这是莴笋栽培的最早记录。茎用莴苣可熟食、生食、腌渍及制干，中国南北各地普遍栽培。莴笋还可制成特色加工产品，如陕西潼关的酱笋、安徽涡阳薹干等，在国内外均享有盛名。

二、种质资源分布

本次普查与征集共获得茎用莴苣种质资源2份，分布在2个盟（市）的2个旗（县、市、区）（表4-13、表4-14）。

表4-13　普查与征集获得莴苣种质资源分布情况

序号	盟（市）	旗（县、市、区）	种质资源数量
1	包头市	石拐区	1
2	鄂尔多斯市	乌审旗	1

表4-14　普查与征集获得莴苣种质资源特征信息

序号	旗（县、市、区）	种质名称	播种期	收获期	主要特性
1	石拐区	石拐莴苣	5月上旬	8月上旬	优质，广适
2	乌审旗	莴苣	5月上旬	8月下旬	抗旱，广适，耐贫瘠，耐热

三、优异种质资源

1. 石拐莴苣

采集编号：P150205005

采集地点：包头市石拐区五当召镇新曙光村

地方品种，具有优质、广适等特性。每年 5 月上旬播种，8 月上旬采收。叶色较绿，叶披针形，叶柄色绿，结球性散生，肉质茎皮颜色绿，肉质茎肉颜色翠绿。

2. 莴苣

采集编号：P150626023

采集地点：鄂尔多斯市乌审旗无定河镇无定河村

地方品种，具有抗旱、广适、耐贫瘠、耐热等特性。每年 5 月上旬播种，8 月下旬采收。

第八节　根甜菜

一、概述

根甜菜（ *Beta vulgaris* var. *rapacea* ）是苋科甜菜属甜菜种的一个变种，能形成肥大肉质根的二年生草本植物，又名红菜头、紫菜头，原产于欧洲地中海沿岸。公元前 4 世纪古罗马人已食用叶用甜菜和根甜菜。公元 14 世纪英国已栽培根甜菜。根甜菜的肉质根含有花青素苷而呈紫红色或金黄色，含大量纤维素、果胶及少量的维生素 U，是抗胃溃疡的因子。其质地柔嫩，富含糖分（8%～15%）及无机盐，且耐运输贮藏与加工，是欧美各国重要蔬菜之一。中国于明代传入，在大、中城市郊区有少量栽培。

二、种质资源分布

本次普查与征集共获得根甜菜种质资源 3 份，分布在 2 个盟（市）的 3 个旗（县、市、区）（表 4–15、表 4–16）。

表 4–15　普查与征集获得根甜菜种质资源分布情况

序号	盟（市）	旗（县、市、区）	种质资源数量
1	呼和浩特市	玉泉区、土默特左旗	2
2	巴彦淖尔市	乌拉特后旗	1

表 4-16　普查与征集获得根甜菜种质资源特征信息

序号	旗（县、市、区）	种质名称	播种期	收获期	主要特性
1	玉泉区	白甜菜	5月中旬	9月下旬	高产，优质，广适，耐寒
2	土默特左旗	紫甜菜	5月上旬	9月下旬	高产，优质，抗病，抗虫，耐盐碱，抗旱，广适，耐贫瘠
3	乌拉特后旗	甜菜	5月上旬	7月下旬	广适

三、优异种质资源

1. 白甜菜

采集编号：P150104016

采集地点：呼和浩特市玉泉区小黑河镇郭家营村

地方品种，具有高产、优质、广适、耐寒等特性。每年5月中旬播种，9月下旬采收。根圆锥形至纺锤形，多汁。

2. 紫甜菜

采集编号：P150121052

采集地点：呼和浩特市土默特左旗敕勒川镇上达赖村

地方品种，具有高产、优质、抗病、抗虫、耐盐碱、抗旱、广适、耐贫瘠等特性。每年5月上旬播种，9月下旬采收。抗病能力强，产量高，品质优。

第九节　牛　蒡

一、概述

牛蒡（*Arctium lappa*）是菊科牛蒡属中能形成肉质根的二年生草本植物，别名东洋萝卜、蝙蝠刺等，原产亚洲。中国从东北到西南的广大地区均有野生牛蒡分布。公元940年前后由中国传入日本，在日本形成了很多品种，并成为主要根菜之一。后日本的栽培品种传入中国，在上海、青岛、沈阳等地有少量栽培。20世纪90年代以来，由于出口日本、韩国的需要，山东、江苏等地大面积栽培。牛蒡除肉质直根可作蔬菜外，其种子可入药，中医称"牛蒡子"或"大力子"，主治咳嗽、风疹、咽喉肿痛等症，根部对牙痛也有疗效。

二、种质资源分布

本次普查与征集共获得牛蒡种质资源 1 份，分布在 1 个盟（市）的 1 个旗（县、市、区）（表 4–17、表 4–18）。

表 4–17 普查与征集获得牛蒡种质资源分布情况

序号	盟（市）	旗（县、市、区）	种质资源数量
1	呼和浩特市	玉泉区	1

表 4–18 普查与征集获得牛蒡种质资源特征信息

序号	旗县	种质名称	播种期	收获期	主要特性
1	玉泉区	牛蒡	5 月中旬	9 月中旬	高产，优质，抗病，广适

三、优异种质资源

牛蒡

采集编号：P150104016

采集地点：呼和浩特市玉泉区小黑河镇郭家营村

地方品种，具有高产、优质、抗病、广适等特性。每年 5 月中旬播种，9 月中旬采收。二年生草本，具粗大的肉质直根。

第五章

叶菜类蔬菜

叶菜是一类主要以鲜嫩的绿叶、叶柄或嫩茎为产品的速生性蔬菜。具有生长速度快、生长周期短、采收期灵活、栽培范围广、品种资源丰富等特点。普遍栽培的有伞形花科、藜科、菊科等。本次普查与征集的叶菜类蔬菜种质资源共103份，其中芫荽22份、菠菜16份、茴香16份、紫苏13份、芹菜10份、大白菜4份、叶用莴苣13份、叶用芥菜4份、不结球白菜5份。

第一节 芫 荽

一、概述

芫荽（*Coriandrum sativum*）是伞形科芫荽属一、二年生草本植物，别名香菜、胡菜。芫荽原产地中海沿岸及中亚。中国由汉代张骞于公元前119年出使西域时引入，在《齐民要术》中已有栽培技术及腌制方法的有关记载。现全世界都有栽培，尤以俄罗斯、印度等国栽培较多，中国南北方栽培均较普遍。芫荽以嫩茎叶为食用部分，富含维生素C和钙，具有特殊的芳香，可作调料、腌渍或装饰拼盘之用。果实也具香味，可作调料，可入药，有祛风、透疹、健胃、祛痰等保健功效，也是提炼芳香油的重要原料。

二、种质资源分布

本次普查与征集共获得芫荽种质资源22份，分布在9个盟（市）的21个旗（县、市、区）（表5–1、表5–2）。

表5–1　普查与征集获得芫荽种质资源分布情况

序号	盟（市）	旗（县、市、区）	种质资源数量
1	包头市	东河区、白云鄂博矿区、土默特右旗、固阳县、达尔罕茂明安联合旗	6
2	兴安盟	突泉县	1
3	通辽市	开鲁县、奈曼旗	2
4	赤峰市	元宝山区、林西县	2
5	乌兰察布市	商都县、察哈尔右翼中旗	2
6	巴彦淖尔市	五原县、磴口县、乌拉特中旗、杭锦后旗	4
7	乌海市	海南区	1
8	阿拉善盟	阿拉善左旗、阿拉善右旗	2
9	呼伦贝尔市	扎赉诺尔区、扎兰屯市	2

表5-2　普查与征集获得芫荽种质资源特征信息

序号	旗（县、市、区）	种质名称	播种期	收获期	主要特性
1	东河区	东河香菜	5月下旬	9月下旬	高产，优质，广适
2	白云鄂博矿区	白云香菜	5月上旬	7月中旬	高产，优质，广适
3	土默特右旗	大叶香菜	5月下旬	9月中旬	高产，优质，广适，耐热
4	固阳县	固阳香菜	5月上旬	7月中旬	优质，广适
5	达尔罕茂明安联合旗	达茂香菜	5月中旬	9月中旬	优质，抗病，广适
6	达尔罕茂明安联合旗	乌兰香菜	5月中旬	9月中旬	优质，抗病，广适
7	突泉县	本地香菜	4月中旬	9月中旬	高产，优质，抗病，抗虫，耐寒，耐涝
8	开鲁县	香菜	5月上旬	6月上旬	高产，优质，抗病，抗虫，抗旱，广适
9	奈曼旗	香菜	5月上旬	6月中旬	高产，优质，抗病，耐寒，耐贫瘠
10	元宝山区	香菜	5月下旬	7月下旬	优质
11	林西县	小叶香菜	6月上旬	9月上旬	抗旱，耐寒
12	商都县	芫荽	5月上旬	9月上旬	优质，抗病，抗旱，耐寒，耐贫瘠
13	察哈尔右翼中旗	芫荽	5月中旬	9月下旬	优质
14	五原县	香菜	4月下旬	6月中旬	高产，优质
15	磴口县	磴口香菜	4月中旬	7月中旬	广适，耐寒，耐贫瘠
16	乌拉特中旗	石哈河香菜	5月上旬	8月中旬	优质，抗虫，抗旱，耐寒
17	杭锦后旗	头道桥香菜	3月下旬	7月上旬	优质，广适
18	海南区	巴农香菜	5月中旬	6月中旬	优质，抗病，抗虫，广适，耐寒
19	阿拉善左旗	芫荽	5月上旬	9月中旬	优质，抗病，抗虫
20	阿拉善右旗	芫荽（香菜）	4月下旬	10月下旬	抗虫
21	扎赉诺尔区	农家香菜	5月上旬	6月上旬	高产，广适
22	扎兰屯市	农家大叶香菜	5月上旬	6月上旬	高产，广适，耐寒

三、优异种质资源

1. 白云香菜

采集编号：P150206001

采集地点：包头市白云鄂博矿区通阳道街道

地方品种，具有高产、优质、广适等特性。每年5月上旬播种，7月中旬采收。适应性广、生长迅速，特耐抽薹。株高25厘米，叶柄白绿色有光泽，绿色近圆齿有光泽，香味特浓，纤维少。

2. 香菜

采集编号：P150523001

采集地点：通辽市开鲁县小街基镇大方子地村

地方品种，具有高产、优质、抗病、抗虫、抗旱、广适等特性。每年5月上旬播种，6月上旬采收。经过多年留种选育而成的品质优良的资源，香味浓重。

3. 巴农香菜

采集编号：P150303022

采集地点：乌海市海南区巴音陶亥镇万亩滩村

地方品种，具有优质、抗病、抗虫、广适、耐寒等特性。每年5月中旬播种，6月中旬采收。株矮叶小，香味浓，产量低。

第二节　菠　菜

一、概述

菠菜（*Spinacia oleracea*）是苋科菠菜属中以绿叶为主要产品器官的一、二年生草本植物，别名赤根菜、角菜、波斯草等。菠菜原产波斯（现亚洲西部伊朗地区），唐代传入中国开始栽培。《唐会要》卷一百《泥婆罗国》记载：贞观"二十一年。遣使献波棱菜浑提葱"。在明代李时珍的《本草纲目》中称菠菜为"波斯草"，现已在南北各地普遍栽培。菠菜含有丰富的胡萝卜素、维生素C、氨基酸、核黄素及铁、磷、钠、钾等矿物质，属于营养价值较高的蔬菜，可凉拌、炒食或做汤。菠菜适应性较广，特别是耐寒力强，可进行越冬栽培，越冬时外叶的损失较少。春季返青早，可以早收，抽薹较晚，春季供应期长，产量高，是春淡季供应市场的一种主要蔬菜，又是中国南北各地春、秋、冬三季栽培的重要蔬菜之一。

二、种质资源分布

本次普查与征集共获得菠菜种质资源16份，分布在6个盟（市）的15个旗（县、市、区）（表5-3、表5-4）。

表5-3 普查与征集获得菠菜种质资源分布情况

序号	盟（市）	旗（县、市、区）	种质资源数量
1	包头市	东河区、石拐区、固阳县、达尔罕茂明安联合旗	5
2	兴安盟	突泉县	1
3	赤峰市	巴林左旗	1
4	乌兰察布市	察哈尔右翼中旗	1
5	巴彦淖尔市	五原县、磴口县、乌拉特中旗	3
6	呼伦贝尔市	莫力达瓦达斡尔族自治旗、海拉尔区、牙克石市、满洲里市、新巴尔虎右旗	5

表5-4 普查与征集获得菠菜种质资源特征信息

序号	旗（县、市、区）	种质名称	播种期	收获期	主要特性
1	东河区	东河小叶菠菜	5月上旬	9月下旬	优质，抗病，广适
2	石拐区	大叶菠菜	5月上旬	6月上旬	优质，广适，耐热
3	石拐区	石拐尖叶菠菜	5月上旬	9月下旬	优质，广适，耐贫瘠
4	固阳县	大叶菠菜	5月上旬	7月上旬	广适，耐寒
5	达尔罕茂明安联合旗	乌兰菠菜	5月中旬	9月中旬	优质，抗病，广适
6	突泉县	冻根菠菜	5月上旬	9月中旬	优质，耐寒
7	巴林左旗	老根菠菜	5月下旬	9月上旬	优质，耐贫瘠
8	察哈尔右翼中旗	大叶菠菜	5月上旬	9月下旬	优质
9	五原县	圆叶菠菜	4月上旬	6月中旬	高产，优质
10	磴口县	磴口菠菜	4月中旬	6月上旬	广适，耐寒

（续表）

序号	旗（县、市、区）	种质名称	播种期	收获期	主要特性
11	乌拉特中旗	石哈河菠菜	5月上旬	9月上旬	优质，抗病，抗虫，抗旱，耐寒，耐贫瘠
12	莫力达瓦达斡尔族自治旗	刺菠菜	4月下旬	5月中旬	高产，优质，抗病，广适，耐寒
13	海拉尔区	高寒越冬大叶菠菜	4月下旬	5月中旬	高产，优质，抗病，广适，耐寒
14	牙克石市	农家高寒越冬大叶刺菠菜	4月下旬	5月中旬	高产，优质，抗病，广适，耐寒
15	满洲里市	春秋大叶菠菜	4月上旬	6月上旬	耐寒
16	新巴尔虎右旗	农家越冬小戟叶刺菠菜	5月上旬	9月中旬	高产，优质，抗病，广适，耐寒

三、优异种质资源

1. 大叶菠菜

采集编号：P150205002

采集地点：包头市石拐区五当召镇新曙光村

地方品种，具有优质、广适、耐热等特性。每年5月上旬播种，6月上旬采收。形态一致性高，涩味中，耐贮藏性中，耐热性优良，适应性强，叶厚适中。

2. 圆叶菠菜

采集编号：P150821009

采集地点：巴彦淖尔市五原县隆兴昌镇

地方品种，具有高产、优质等特性。每年4月上旬播种，6月中旬采收。该品种生育日数60天左右。株高25～30厘米，主根粉红色，根出叶丛生呈半直立状，叶片长椭圆形，叶肉厚嫩，叶面微皱，纤维少，品质佳。耐热性强，耐寒性弱。适于春、秋露地及保护地栽培，亩产2 500千克左右。

3. 高寒越冬大叶菠菜

采集编号：P150702047

采集地点：呼伦贝尔市海拉尔区哈克镇哈克村

地方品种，具有高产、优质、抗病、广适、耐寒等特性。每年4月下旬播种，5月中旬采收。根圆锥状，带红色。茎直立，中空，脆弱多汁，不分枝或有少数分枝。可秋季种植，高寒地区越冬，幼苗耐低温，返青早，早春蔬菜，上市早，效益好。

4. 农家越冬小戟叶刺菠菜

采集编号：P150727052

采集地点：呼伦贝尔市新巴尔虎右旗阿拉坦额莫勒镇西庙嘎查

地方品种，具有高产、优质、抗病、广适、耐寒等特性。每年5月上旬播种，9月中旬采收。一年生草本，株高80厘米左右，根圆锥状，带红色。茎直立，中空，脆弱多汁，分枝，叶戟形。可秋季种植，高寒地区越冬。

第三节　茴　香

一、概述

茴香（*Foeniculum vulgare*）是伞形科茴香属中的多年生宿根性草本植物，别名小茴香、香丝菜、鲜茎茴香、甜茴香等。原产地中海沿岸及西亚。以果实为香料或以嫩茎叶供食用。叶片、种子、茴香根皮具有特殊香味，主要成分为茴香醚（$C_{10}H_{12}O$）和茴香酮（$C_{10}H_{16}O$）。其嫩茎叶含有较多的胡萝卜素、维生素C和钙等营养物质，主要供馅食、调味及拼盘装饰用，球茎茴香还可生食、炒食、腌渍。种子香味浓，可做香料或入药，具有温肝肾、暖胃气、散寒结等作用。

二、种质资源分布

本次普查与征集共获得茴香种质资源16份，分布在8个盟（市）的14个旗（县、市、区）（表5-5、表5-6）。

表5-5　普查与征集获得茴香种质资源分布情况

序号	盟（市）	旗（县、市、区）	种质资源数量
1	呼和浩特市	托克托县	1
2	包头市	九原区、固阳县、达尔罕茂明安联合旗	3
3	兴安盟	突泉县	1

（续表）

序号	盟（市）	旗（县、市、区）	种质资源数量
4	赤峰市	巴林左旗	2
5	巴彦淖尔市	五原县、磴口县、杭锦后旗	4
6	乌海市	乌达区	1
7	阿拉善盟	阿拉善右旗、额济纳旗	2
8	呼伦贝尔市	牙克石市、满洲里市	2

表 5-6　普查与征集获得茴香种质资源特征信息

序号	旗（县、市、区）	种质名称	播种期	收获期	主要特性
1	托克托县	茴香	5月上旬	9月中旬	高产，优质，抗旱，耐寒，耐热
2	九原区	哈林格尔小茴香	5月中旬	9月中旬	抗病，广适
3	固阳县	小茴香	5月中旬	7月中旬	优质，抗旱，广适，耐寒
4	达尔罕茂明安联合旗	乌克茴香	5月中旬	7月中旬	优质，抗旱，广适，耐寒
5	突泉县	本地茴香	5月中旬	8月下旬	高产，优质，耐涝
6	巴林左旗	大茴香	5月中旬	7月上旬	优质，抗病，抗旱，广适，耐贫瘠
7	巴林左旗	小茴香	5月中旬	7月上旬	优质，广适，耐贫瘠
8	五原县	割茬菜茴香	5月上旬	9月上旬	高产，优质
9	磴口县	磴口茴香	4月中旬	9月下旬	耐盐碱，抗旱，广适
10	杭锦后旗	头道桥茴香	4月上旬	9月中旬	优质，耐贫瘠
11	杭锦后旗	团结茴香	5月中旬	9月上旬	优质
12	乌达区	乌达特香茴香	4月中旬	6月中旬	高产，抗病，抗虫，广适，耐寒，耐热
13	阿拉善右旗	茴香	4月上旬	9月上旬	优质，抗虫
14	额济纳旗	巴彦陶来茴香	5月上旬	9月下旬	耐盐碱，抗旱
15	牙克石市	农家高寒小叶茴香	4月中旬	5月下旬	优质，抗病，耐寒
16	满洲里市	禾硕割茬茴香	4月下旬	9月下旬	其他

三、优异种质资源

1. 割茬菜茴香

采集编号：P150821003

采集地点：巴彦淖尔市五原县隆兴昌镇永久村

地方品种，具有高产、优质等特性。每年5月上旬播种，9月上旬采收。该品种生长势强，叶片深绿色，二回羽状复叶，小叶裂成针状，从播种到采收56天左右，适于春、秋两季和保护地栽培，耐热，品质脆嫩。全生育期露地可收割两茬以上，保护地可收割3茬以上。

2. 茴香

采集编号：P152922005

采集地点：阿拉善盟阿拉善右旗阿拉腾朝格苏木查干通格嘎查

地方品种，具有优质、抗虫等特性。每年4月上旬播种，9月上旬采收。因产量低、不耐贫瘠等原因不适宜广泛种植。多年生草本，高60～150厘米，全株表面有粉霜，无毛，具强烈香气。茎直立，有分枝。三至四回羽状复叶，最终小叶片线形。

3. 农家高寒小叶茴香

采集编号：P150782048

采集地点：呼伦贝尔市牙克石市暖泉街道暖泉村

地方品种，具有优质、抗病、耐寒等特性。每年4月中旬播种，5月下旬采收。株高40厘米左右，叶丝状，叶柄中空，叶柄基部抱茎，整株有香味。幼苗耐寒。适合露天种植，亦适合大棚种植。

第四节　紫　苏

一、概述

紫苏（*Perilla frutescens*）是唇形科紫苏属中的一年生草本植物，以嫩茎叶供食用，别名荏、赤苏、白苏、香苏、苏叶、桂荏、回回苏等。原产亚洲东部，如今主要分布在印度、缅甸、印度尼西亚、中国、日本、朝鲜、韩国和俄罗斯等地。中国具有悠久的栽培历史，秦汉间的《尔雅》中就有紫苏的有关记载，现今华北、华中、华南、西南以及我国台湾地区都有紫苏的野生和栽培种分布。近些年来，因紫苏特有的活性物质及营养成分，已成为一种备受世人关注的经济价值很高的多用途植物，并已开发出食用油、药品、腌渍品、化妆品等几十种以紫苏为原料的加工产品。紫苏的营养特点是具有低糖、高纤维、高胡萝卜素和高矿质元素等，还含有紫苏醛、紫苏醇、薄荷酮、薄荷醇、丁香油酚、白苏烯酮等挥发油。紫苏种子中含大量油脂，出油率高达45%左右。种子中蛋白质含量占25%，内含18种氨基酸，其中赖氨酸、蛋氨酸的含量高。此外，还含有谷维素、维生素E、维生素B、甾醇、磷脂等。紫苏还具有特异的芳香，有杀菌防腐作用。可生食、做汤、腌渍、作配料和装饰或作加工原料。根、茎、叶、花萼及果实均可入药。紫苏叶又供食用，具有散寒、理气、和胃、解鱼蟹毒等功效。

二、种质资源分布

本次普查与征集共获得紫苏种质资源13份，分布在5个盟（市）的11个旗（县、市、区）（表5–7、表5–8）。

表5–7　普查与征集获得紫苏种质资源分布情况

序号	盟（市）	旗（县、市、区）	种质资源数量
1	呼和浩特市	托克托县	1
2	兴安盟	科尔沁右翼前旗、突泉县	2
3	通辽市	开鲁县、科尔沁区、科尔沁左翼后旗、霍林郭勒市	6
4	赤峰市	巴林左旗、宁城县	2
5	呼伦贝尔市	阿荣旗、扎兰屯市	2

表5–8　普查与征集获得紫苏种质资源特征信息

序号	旗（县、市、区）	种质名称	播种期	收获期	主要特性
1	托克托县	苏子	4月下旬	9月中旬	优质，抗病，抗旱，耐贫瘠
2	科尔沁右翼前旗	野苏子	4月下旬	9月下旬	优质，耐贫瘠
3	突泉县	紫苏子	4月中旬	10月下旬	高产，优质，抗旱
4	开鲁县	苏子	5月上旬	9月下旬	高产，优质，抗病，抗旱，广适，耐寒，耐贫瘠

（续表）

序号	旗（县、市、区）	种质名称	播种期	收获期	主要特性
5	科尔沁区	白苏子	4月中旬	9月下旬	高产，优质，抗病，抗旱，广适
6	科尔沁区	豆包苏子	5月上旬	9月下旬	高产，优质，抗病，抗虫，抗旱，广适，耐寒，耐贫瘠
7	科尔沁区	包宝绿苏子	5月上旬	9月下旬	优质，抗病，抗虫，抗旱，广适，耐寒，耐贫瘠
8	科尔沁左翼后旗	白苏子	5月上旬	9月下旬	高产，优质，抗旱，广适，耐贫瘠
9	霍林郭勒市	灰苏子	5月中旬	9月下旬	优质，抗虫，耐寒，耐贫瘠
10	巴林左旗	黑苏子	5月中旬	7月中旬	优质，抗病，抗旱，广适，耐贫瘠
11	宁城县	苏籽	5月中旬	9月中旬	其他
12	阿荣旗	农家赤苏	5月中旬	9月中旬	优质，抗病，广适
13	扎兰屯市	朝鲜苏子	5月中旬	9月下旬	高产，优质，广适，耐寒

三、优异种质资源

1. 野苏子

采集编号：P152221014

采集地点：兴安盟科尔沁右翼前旗俄体镇齐心村

地方品种，具有优质、耐贫瘠特性。每年4月下旬播种，9月下旬采收。野苏子作为本地的一种特殊调味料，常用于炖肉和其他面食制品，味道好，而且更耐贫瘠，在山坡、岗地均有野生资源。

2. 白苏子

采集编号：P150502032

采集地点：通辽市科尔沁区大林镇青龙山村

地方品种，具有高产、优质、抗病、抗旱、广适等特性。每年4月中旬播种，9月下旬采收。经过多年留种选育而成的农家种，品质好，叶片宽大肉厚，是蒸豆包垫底的好原料，嫩叶是腌咸菜的调剂原料，籽粒食用醇香。

3. 灰苏子

采集编号：P150581048

采集地点：通辽市霍林郭勒市达来胡硕苏木查格达村

地方品种，具有优质、抗虫、耐寒、耐贫瘠等特性。每年5月中旬播种，9月下旬采收。农家品种，品质好，食用香味浓烈，叶片肥大，是蒸豆包垫底的好原料。

第五节　芹　菜

一、概述

芹菜（旱芹）（*Apium graveolens*）是伞形科芹菜属中的二年生或多年生草本植物，别名芹、药芹、苦堇、堇葵、堇菜等。原产地中海沿岸及瑞典、埃及和西亚的北高加索等地的沼泽地带。古希腊人最早栽培作药用，后来作为香辛蔬菜食用，驯化成叶柄肥大类型，并从高加索传入中国，又逐渐培育成叶柄细长的类型。芹菜含有较丰富的矿物质、维生素和挥发性芳香油，具特殊香味，有促进食欲的作用，其叶和根可提炼香料。芹菜还具有固肾止血、健脾养胃的保健功效，对高血压、糖尿病等有一定的食疗作用。芹菜在中国南北方都有广泛栽培，在叶菜类中占重要地位。芹菜种植较简便，成本低，产量高，栽培方式多样，对周年供应起着重要作用。

二、种质资源分布

本次普查与征集共获得芹菜种质资源10份，分布在7个盟（市）的10个旗（县、市、区）（表5-9、表5-10）。

表5-9　普查与征集获得芹菜种质资源分布情况

序号	盟（市）	旗（县、市、区）	种质资源数量
1	通辽市	库伦旗	1
2	赤峰市	巴林左旗	1
3	锡林郭勒盟	西乌珠穆沁旗	1
4	乌兰察布市	商都县、察哈尔右翼中旗	2
5	巴彦淖尔市	五原县	1
6	阿拉善盟	阿拉善左旗	1
7	呼伦贝尔市	牙克石市、新巴尔虎左旗、满洲里市	3

表 5-10　普查与征集获得芹菜种质资源特征信息

序号	旗（县、市、区）	种质名称	播种期	收获期	主要特性
1	库伦旗	本地芹菜	4月中旬	7月中旬	高产，优质，抗虫
2	巴林左旗	大白根	5月上旬	9月下旬	优质，耐贫瘠
3	西乌珠穆沁旗	山芹菜			耐寒
4	商都县	本地胡芹	4月中旬	9月中旬	抗病，抗旱，耐寒，耐贫瘠，耐热
5	察哈尔右翼中旗	芹菜	5月中旬	8月中旬	优质
6	五原县	实秆芹菜	4月中旬	7月上旬	高产，优质
7	阿拉善左旗	小芹菜	4月下旬	10月上旬	抗病，抗虫，耐盐碱，耐寒，耐贫瘠
8	牙克石市	农家实心芹菜	5月上旬	6月下旬	高产，优质，抗病，广适
9	新巴尔虎左旗	农家空心脆芹菜	4月上旬	6月下旬	高产，优质，抗病，广适
10	满洲里市	浪峰芹菜	4月中旬	8月上旬	耐寒

三、优异种质资源

1. 本地芹菜

采集编号：P150524042

采集地点：通辽市库伦旗白音花镇阿其玛嘎查

地方品种，具有高产、优质、抗虫等特性。每年 4 月中旬播种，7 月中旬采收。口感好，脆而嫩，香气浓。

2. 小芹菜

采集编号：P152921039

采集地点：阿拉善盟阿拉善左旗吉兰泰镇沙日布日都嘎查

地方品种，具有抗病、抗虫、耐盐碱、耐寒、耐贫瘠等特性。每年 4 月下旬播种，10 月上旬采收。口感好，味浓。

3. 农家空心脆芹菜

采集编号：P150726040

采集地点：呼伦贝尔市新巴尔虎左旗阿木古郎镇蔬菜基地

地方品种，具有高产、优质、抗病、广适等特性。每年 4 月上旬播种，6 月下旬采收。耐寒，耐贮，抗叶斑病。

第六节 白 菜

一、概述

白菜（*Brassica rapa* var. *glabra*）是十字花科芸薹属二年生草本植物，俗称大白菜，以食用叶片为主，部分食用花和茎。大白菜起源于中国，栽培历史悠久，古代的《诗经》中即有"葑"的记载。

二、种质资源分布

本次普查与征集共获得大白菜种质资源 4 份，分布在 3 个盟（市）的 3 个旗（县、市、区）（表 5–11、表 5–12）。

表 5–11　普查与征集获得大白菜种质资源分布情况

序号	盟（市）	旗（县、市、区）	种质资源数量
1	赤峰市	巴林左旗	1
2	鄂尔多斯市	达拉特旗	1
3	乌海市	海南区	2

表 5–12　普查与征集获得大白菜种质资源特征信息

序号	旗（县、市、区）	种质名称	播种期	收获期	主要特性
1	巴林左旗	白菜	5 月上旬	9 月下旬	高产，优质，耐贫瘠
2	达拉特旗	忻州大白菜	7 月下旬	10 月中旬	高产，优质，抗病，抗虫
3	海南区	鸡腿白长白菜	7 月下旬	10 月上旬	高产，优质，抗病，耐盐碱，广适，耐寒，耐贫瘠
4	海南区	高帮菜	7 月中旬	10 月中旬	高产，优质，耐盐碱，广适，耐寒

三、优异种质资源

鸡腿白长白菜

采集编号：P150303006

采集地点：乌海市海南区巴音陶亥苏木赛汗乌素村

地方品种，资源分布窄。

第七节 叶用莴苣

一、概述

叶用莴苣质脆，鲜嫩爽口，宜生食，通常包含菊科莴苣属的长叶莴苣（*Lactuca sativa* var. *longifolia*）（油麦菜）、卷心莴苣（*Lactuca sativa* var. *capitata*）（结球生菜）、生菜（*Lactuca sativa* var. *ramosa*）（散叶生菜）3种。中国各地均有栽培。

二、种质资源分布

本次普查与征集共获得叶用莴苣种质资源13份，分布在7个盟（市）的11个旗（县、市、区）（表5-13、表5-14）。

表5-13 普查与征集获得叶用莴苣种质资源分布情况

序号	盟（市）	旗（县、市、区）	种质资源数量
1	呼和浩特市	土默特左旗	1
2	包头市	石拐区、白云鄂博矿区	2
3	通辽市	扎鲁特旗、科尔沁区	2
4	赤峰市	元宝山区、阿鲁科尔沁旗	3
5	巴彦淖尔市	五原县	2
6	阿拉善盟	额济纳旗	1
7	呼伦贝尔市	新巴尔虎右旗、牙克石市	2

表5-14 普查与征集获得叶用莴苣种质资源特征信息

序号	旗（县、市、区）	种质名称	播种期	收获期	主要特性
1	土默特左旗	生菜	5月下旬	6月下旬	优质，抗病，抗虫，耐盐碱，抗旱，广适，耐寒，耐贫瘠
2	石拐区	石拐油麦菜	5月上旬	6月上旬	广适
3	白云鄂博矿区	白云生菜	5月上旬	6月中旬	优质，广适
4	扎鲁特旗	抱心生菜	5月上旬	6月下旬	高产，优质，抗虫，抗旱，广适，耐寒

（续表）

序号	旗（县、市、区）	种质名称	播种期	收获期	主要特性
5	科尔沁区	生菜	5月上旬	6月下旬	高产，优质，广适，耐贫瘠，耐热
6	元宝山区	家生菜	4月中旬	5月下旬	高产，抗病，抗虫，耐寒
7	元宝山区	苣买菜生菜	4月中旬	5月下旬	高产，抗病，抗虫，耐寒
8	阿鲁科尔沁旗	紫生菜	5月下旬	6月下旬	优质，抗病，抗虫，耐盐碱，广适，耐寒，耐热
9	五原县	玻璃生菜	4月上旬	6月上旬	高产，优质
10	五原县	大速生菜	3月上旬	5月上旬	高产，优质
11	额济纳旗	皱叶莴苣	3月上旬	5月下旬	优质，广适，耐寒
12	新巴尔虎右旗	农家绿叶生菜	4月中旬	5月中旬	高产，优质，广适，耐寒
13	牙克石市	农家紫叶生菜	4月下旬	5月下旬	高产，优质，抗病，广适

三、优异种质资源

1. 生菜

采集编号：P150502119

采集地点：通辽市科尔沁区钱家店镇新立屯村

地方品种，具有高产、优质、广适、耐贫瘠、耐热等特性。每年5月上旬播种，6月下旬采收。农家优质品种，食用品质好，脆嫩，无纤维，生、熟均宜。

2. 皱叶莴苣

采集编号：P152923032

采集地点：阿拉善盟额济纳旗巴彦陶来苏木推日木音陶来嘎查

地方品种，具有优质、广适、耐寒等特性。每年3月上旬播种，5月下旬采收。为农户自留种，每年少量种植。口感脆嫩爽口，略甜。

3. 农家绿叶生菜

采集编号：P150727030

采集地点：呼伦贝尔市新巴尔虎右旗阿拉坦额莫勒镇西庙嘎查

地方品种，具有高产、优质、广适、耐寒等特性。每年4月中旬播种，5月中旬采收。散叶，叶片皱曲，随收获期临近，红色逐渐加深，富含花青素。

第八节　叶用芥菜

一、概述

叶用芥菜，十字花科芸薹属一、二年生草本植物，别名青菜、苦菜、春菜等，是主要以叶部供食的一类芥菜，在中国栽培最为普遍。叶用芥菜虽喜冷凉、湿润的气候条件，但属芥菜中适应性最强的一类。本次收集到的叶用芥菜资源均为分蘖芥，分蘖芥通常株高 30 ~ 35 厘米，开展度 58 厘米。叶片多，叶形多样，以披针形、倒披针形或倒卵形为主，叶色浅绿、绿或深绿，叶面平滑，无刺毛，被蜡粉，叶缘呈不规则锯齿或浅裂、中裂、深裂，叶片长 30 ~ 40 厘米，宽 5.5 ~ 9.0 厘米。叶柄长 2 ~ 4 厘米，宽 1.0 ~ 1.3 厘米，厚约 0.6 厘米，横断面近圆形，叶柄长为叶长的 1/10 左右。单株短缩茎上的侧芽在营养生长期萌发 15 ~ 30 个分枝而形成大的叶丛。单株鲜重 1.0 ~ 2.0 千克。分蘖芥在长江中下游地区及北方各地普遍栽培，品种资源极为丰富。

二、种质资源分布

本次普查与征集共获得叶用芥菜种质资源 4 份，分布在 3 个盟（市）的 3 个旗（县、市、区）（表 5–15、表 5–16）。

表 5–15　普查与征集获得叶用芥菜种质资源分布情况

序号	盟（市）	旗（县、市、区）	种质资源数量
1	赤峰市	巴林左旗	2
2	呼伦贝尔市	扎兰屯市	1
3	巴彦淖尔市	磴口县	1

表 5–16　普查与征集获得叶用芥菜种质资源特征信息

序号	旗（县、市、区）	种质名称	播种期	收获期	主要特性
1	巴林左旗	小叶芥菜	5 月上旬	9 月下旬	高产，优质，耐贫瘠
2	巴林左旗	雪里红	7 月下旬	9 月下旬	优质，抗病，抗旱，广适，耐贫瘠
3	扎兰屯市	雪里红	7 月中旬	9 月上旬	高产，优质，抗病，广适
4	磴口县	磴口雪里蕻	7 月下旬	10 月中旬	优质，广适，耐寒

三、优异种质资源

1. 雪里红

采集编号：P150783040

采集地点：呼伦贝尔市扎兰屯市河西街道回民村

地方品种，具有高产、优质、抗病、广适等特性。每年7月中旬播种，9月上旬采收。传统腌制菜，味道好，口感好。

2. 磴口雪里蕻

采集编号：P150822052

采集地点：巴彦淖尔市磴口县巴彦高勒镇旧地村

地方品种，具有优质、广适、耐寒等特性。每年7月下旬播种，10月中旬采收。一年生草本，高30～150厘米，常无毛，有时幼茎及叶具刺毛，带粉霜，有辣味；茎直立，有分枝。

第九节 不结球白菜

一、概述

不结球白菜是十字花科芸薹属二年生草本植物，以食用叶片为主，部分食用花和茎。我国各地均有种植。含蛋白质、脂肪、粗纤维、碳水化合物、酸性果胶、钙、磷、铁等矿物质及多种维生素。

二、种质资源分布

本次普查与征集共获得不结球白菜种质资源5份，分布在3个盟（市）的5个旗（县、市、区）（表5-17、表5-18）。

表5-17 普查与征集获得不结球白菜种质资源分布情况

序号	盟（市）	旗（县、市、区）	种质资源数量
1	呼和浩特市	玉泉区	1
2	阿拉善盟	额济纳旗	1
3	呼伦贝尔市	陈巴尔虎旗、新巴尔虎右旗、满洲里市	3

表 5-18　普查与征集获得不结球白菜种质资源特征信息

序号	旗（县、市、区）	种质名称	播种期	收获期	主要特性
1	玉泉区	不结球白菜	5月下旬	6月下旬	优质，抗病，广适
2	额济纳旗	不结球白菜	3月上旬	5月下旬	优质，广适
3	陈巴尔虎旗	农家春不老	4月下旬	5月中旬	高产，抗病，耐寒
4	新巴尔虎右旗	不结球白菜	4月中旬	5月上旬	高产，抗病，耐寒
5	满洲里市	不结球白菜	4月下旬	6月下旬	广适

三、优异种质资源

农家春不老

采集编号：P150725046

采集地点：呼伦贝尔市陈巴尔虎旗特泥河苏木

农家春不老小白菜，一年生草本，高 20～30 厘米，常全株无毛，有时叶下面中脉上有少数刺毛。不结球，莲座叶供食用。种株株高 1.2 米左右，花黄色，角果，籽粒卵圆形，褐色。千粒重 2.2 克。

第六章

豆类蔬菜

　　豆类蔬菜在我国栽培历史悠久、种类多、分布广。豆类蔬菜营养价值高，产品富含蛋白质、脂肪、糖、维生素和矿物质。产品除鲜食外还是干制、腌渍、制罐和速冻的重要原料。本次普查与征集的豆类蔬菜种质资源共434份，其中芸豆111份、菜豆175份、豇豆90份、多花菜豆3份、饭豆1份、鹰嘴豆1份、蚕豆53份。

第一节　芸　豆

一、概述

芸豆（*Phaseolus lunatus*）是豆科菜豆属一年生草本植物，以豆荚、种子为食。属于我国古老的一种名贵食用豆类，种植历史悠久。颗粒肥大，内胚盈厚，洁白光亮，味美质优，营养丰富。

二、种质资源分布

本次普查与征集共获得芸豆种质资源 111 份，分布在 5 个盟（市）的 22 个旗（县、市、区）（表 6–1、表 6–2）。

表 6–1　普查与征集获得芸豆种质资源分布情况

序号	盟（市）	旗（县、市、区）	种质资源数量
1	呼和浩特市	玉泉区、根河市	10
2	赤峰市	元宝山区、阿鲁科尔沁旗、巴林右旗、林西县	20
3	鄂尔多斯市	乌审旗、鄂托克前旗、准格尔旗	6
4	巴彦淖尔市	乌拉特中旗	1
5	呼伦贝尔市	阿荣旗、陈巴尔虎旗、额尔古纳市、鄂伦春自治旗、鄂温克族自治旗、海拉尔区、莫力达瓦达斡尔族自治旗、新巴尔虎右旗、新巴尔虎左旗、牙克石市、扎赉诺尔区、扎兰屯市	74

表 6–2　普查与征集获得芸豆种质资源特征信息

序号	旗（县、市、区）	种质名称	播种期	收获期	主要特性
1	玉泉区	小紫连豆	5月下旬	9月上旬	高产，优质，抗病
2	根河市	极早紫粒六月忙长豆角	5月下旬	7月上旬	高产，优质，抗病，耐寒
3	根河市	极早农家黑珍珠面豆角	5月下旬	7月上旬	高产，优质，抗病
4	根河市	极早熟农家紫粒油豆	5月下旬	7月中旬	高产，优质，抗病，耐寒
5	根河市	极早熟农家黑花灰油豆	5月下旬	7月中旬	高产，优质，抗病
6	根河市	农家黄粒极早菜豆	5月下旬	7月上旬	优质，抗病，耐寒

（续表）

序号	旗（县、市、区）	种质名称	播种期	收获期	主要特性
7	根河市	极早熟小粒黄花紫芸豆	5月下旬	8月下旬	优质，抗病
8	根河市	极早熟农家小粉粒芸豆	5月下旬	8月下旬	优质，抗病，耐寒
9	根河市	极早熟农家黄粒长豆角	5月下旬	7月上旬	高产，优质，抗病，耐寒
10	根河市	极早熟黄眼圈灰饭豆	5月下旬	8月下旬	高产，优质，抗病，耐寒
11	元宝山	花芸豆	5月中旬	9月下旬	其他
12	阿鲁科尔沁旗	矮花芸豆	5月中旬	9月下旬	抗病，抗虫，抗旱，广适，耐涝，耐热
13	阿鲁科尔沁旗	红芸豆	5月中旬	9月下旬	抗病，抗虫，抗旱，广适，耐涝，耐热
14	阿鲁科尔沁旗	无筋矮面豆	5月中旬	9月下旬	优质，抗病，抗虫，抗旱，其他
15	阿鲁科尔沁旗	看花豆（红花）	5月中旬	9月下旬	优质，抗病，抗虫，抗旱
16	阿鲁科尔沁旗	看花豆（红花）	5月中旬	9月下旬	优质，抗病，抗虫，抗旱，耐贫瘠
17	阿鲁科尔沁旗	紫黑花豆角	5月中旬	9月下旬	优质，抗病
18	巴林右旗	看花豆	5月下旬	9月中旬	高产，优质，抗虫
19	巴林右旗	巴彦琥硕豆角	5月上旬	9月下旬	高产，优质，抗病，抗虫，广适，耐涝
20	巴林右旗	紫沙豆	5月中旬	9月上旬	优质，抗病，抗虫，耐涝
21	巴林右旗	奶花园	5月上旬	9月中旬	优质，抗病，抗虫，广适，耐涝，耐贫瘠
22	巴林右旗	老母猪眼	5月上旬	8月下旬	优质，抗病，抗虫，抗旱，广适
23	巴林右旗	赛罕豆	5月上旬	8月下旬	优质，抗病，抗虫，抗旱，广适
24	巴林右旗	虎皮豆	5月上旬	8月下旬	优质，抗病，抗虫，抗旱，广适
25	巴林右旗	黑芸豆	5月上旬	8月下旬	优质，抗病，抗虫，抗旱，广适
26	巴林右旗	小灰豆	5月上旬	8月下旬	优质，抗病，抗虫，抗旱，广适
27	林西县	紫沙豆	5月中旬	9月下旬	优质，广适

（续表）

序号	旗（县、市、区）	种质名称	播种期	收获期	主要特性
28	林西县	红芸豆	5月中旬	9月下旬	优质，广适
29	林西县	关东红	5月中旬	9月下旬	优质，广适
30	林西县	老来少	5月中旬	9月下旬	优质，耐贫瘠
31	乌审旗	豆角	5月上旬	9月上旬	广适
32	乌审旗	猫眼豆	5月上旬	9月上旬	广适
33	乌审旗	乌兰陶勒盖豆角	5月上旬	9月上旬	广适
34	鄂托克前旗	花豆	5月上旬	9月中旬	优质，抗病，抗虫，耐盐碱，抗旱，耐贫瘠
35	准格尔旗	菜豆花豆	4月下旬	8月中旬	优质
36	准格尔旗	豆角	5月上旬	8月下旬	高产，优质，广适，耐热
37	乌拉特中旗	石哈河菜豆	5月中旬	9月下旬	高产，优质，抗病
38	阿荣旗	农家红小豆	5月中旬	9月上旬	优质，抗病，广适
39	阿荣旗	农家地油豆	5月中旬	6月下旬	高产，优质，抗病，广适，耐寒
40	阿荣旗	极早熟小粒红花饭豆	5月中旬	8月下旬	高产，优质，抗病，广适，耐寒
41	阿荣旗	农家大腰子紫芸豆	5月中旬	9月下旬	高产，优质，抗病
42	阿荣旗	农家扁粒小黑豆	5月中旬	9月下旬	高产，优质，抗病
43	阿荣旗	农家早熟长粒白饭豆	5月中旬	9月下旬	高产，优质，抗病
44	陈巴尔虎旗	农家黄眼圈饭豆	5月下旬	9月上旬	高产，优质，抗病，广适
45	陈巴尔虎旗	农家早熟紫花矮油豆	5月下旬	7月下旬	高产，优质，抗病，广适，耐寒
46	陈巴尔虎旗	极早熟小籽粒白饭豆	5月下旬	8月下旬	优质，抗病
47	陈巴尔虎旗	早熟农家黑纹马掌油豆	5月下旬	7月中旬	高产，优质，抗病
48	陈巴尔虎旗	农家大灰粒长油豆	5月下旬	7月中旬	高产，优质，抗病
49	陈巴尔虎旗	农家白扁粒紫豆角	5月下旬	7月中旬	高产，优质，抗病
50	额尔古纳市	极早熟红脐白芸豆	5月下旬	8月下旬	高产，优质，抗病
51	额尔古纳市	极早熟小粒黑饭豆	5月下旬	8月下旬	高产，优质，抗病
52	额尔古纳市	农家极早熟黄粒饭豆	5月下旬	8月下旬	高产，优质，抗病，广适，耐寒

（续表）

序号	旗（县、市、区）	种质名称	播种期	收获期	主要特性
53	额尔古纳市	极早熟大粉粒宽菜豆	5月下旬	7月上旬	优质，抗病，耐寒
54	额尔古纳市	极早熟蓝眼圈菜豆	5月下旬	8月下旬	优质，抗病，耐寒
55	额尔古纳市	极早熟农家红粒宽菜豆	5月下旬	8月下旬	优质，抗病，耐寒
56	额尔古纳市	极早农家蓝粒花纹豆角	5月下旬	7月上旬	高产，优质，抗病
57	鄂伦春自治旗	农家精米豆	5月中旬	9月中旬	高产，优质，广适
58	鄂伦春自治旗	农家紫芸豆	5月中旬	9月下旬	高产，优质，广适
59	鄂伦春自治旗	孔雀红	5月中旬	9月中旬	高产，优质，抗病，广适
60	鄂伦春自治旗	宽荚菜豆	5月上旬	7月上旬	高产，优质，抗病，广适，耐寒
61	鄂伦春自治旗	蓝花芸豆	5月中旬	8月中旬	高产，优质，抗病，耐寒
62	鄂伦春自治旗	农家红白花小豆	5月中旬	9月下旬	高产，优质，抗病
63	鄂伦春自治旗	农家大粒长白芸豆	5月中旬	9月下旬	高产，优质，抗病
64	鄂伦春自治旗	农家长粒小白芸豆	5月中旬	9月下旬	高产，优质，抗病
65	鄂伦春自治旗	农家长粒红小豆	5月中旬	9月中旬	高产，抗病
66	鄂伦春自治旗	农家红花纹宽油豆	5月下旬	8月上旬	高产，优质，抗病
67	鄂温克族自治旗	早熟花纹矮豆角	5月上旬	6月下旬	高产，优质，抗病，广适，耐寒
68	鄂温克族自治旗	极早农家灰粒长白豆角	5月下旬	7月中旬	高产，优质，抗病
69	鄂温克族自治旗	极早熟农家黑纹粉架豆	5月下旬	7月中旬	高产，优质，抗病
70	海拉尔区	农家白饭豆	5月下旬	8月下旬	高产，优质，抗病，广适，耐寒
71	海拉尔区	极早熟小粒矮豆角	5月上旬	6月下旬	高产，优质，抗病，广适，耐寒
72	海拉尔区	农家极早熟小黑豆	5月中旬	9月下旬	高产，优质，抗病
73	海拉尔区	极早农家褐粒白架豆	5月下旬	7月上旬	高产，优质，抗病
74	海拉尔区	极早熟扁灰粒大白豆角	5月下旬	7月中旬	高产，优质，耐寒
75	海拉尔区	农家红纹雀蛋油豆	5月下旬	7月中旬	高产，优质，抗病，耐寒
76	海拉尔区	农家红纹黄架豆	5月下旬	8月上旬	高产，优质，抗病，耐寒

（续表）

序号	旗（县、市、区）	种质名称	播种期	收获期	主要特性
77	莫力达瓦达斡尔族自治旗	农家赤小豆	5月中旬	9月中旬	高产，抗病，广适
78	莫力达瓦达斡尔族自治旗	红豆	5月上旬	10月中旬	高产，优质，抗病
79	莫力达瓦达斡尔族自治旗	农家早熟菜豆	5月上旬	6月下旬	高产，优质，抗病，广适，耐寒
80	莫力达瓦达斡尔族自治旗	农家红芸豆	5月中旬	9月中旬	高产，优质，抗病，广适
81	莫力达瓦达斡尔族自治旗	农家红白芸豆	5月中旬	8月下旬	高产，优质，广适
82	莫力达瓦达斡尔族自治旗	农家早熟红花纹黄饭豆	5月上旬	8月下旬	高产，优质，抗病，广适，耐寒
83	莫力达瓦达斡尔族自治旗	农家大红腰子芸豆	5月中旬	8月下旬	高产，优质，广适
84	莫力达瓦达斡尔族自治旗	农家白花紫芸豆	5月中旬	9月下旬	高产，优质，抗病
85	莫力达瓦达斡尔族自治旗	农家黑眼圈小白豆	5月中旬	9月下旬	高产，优质，抗病
86	新巴尔虎右旗	极早熟筒状紫芸豆	5月下旬	8月下旬	高产，优质，抗病
87	新巴尔虎右旗	早熟农家红花雀蛋饭豆	5月下旬	8月下旬	优质，抗病，耐寒
88	新巴尔虎右旗	早熟农家黑花纹黄面豆	5月下旬	8月上旬	高产，优质，抗病
89	新巴尔虎右旗	农家六月忙褐粒长豆角	5月下旬	7月上旬	高产，优质，抗病
90	新巴尔虎右旗	早熟农家紫花灰油豆	5月下旬	8月中旬	高产，优质，抗病
91	新巴尔虎左旗	农家早熟矮豆角	5月下旬	7月上旬	高产，优质，抗病，广适，耐寒
92	新巴尔虎左旗	极早农家黄眼圈青粒菜豆	5月下旬	7月上旬	优质，抗病，耐寒
93	新巴尔虎左旗	极早熟农家小白粒扁饭豆	5月下旬	8月下旬	优质，抗病，耐寒
94	新巴尔虎左旗	农家紫纹扁褐粒架油豆	5月下旬	8月上旬	高产，优质，抗病
95	新巴尔虎左旗	农家蓝花雀蛋宽马掌	5月下旬	8月上旬	高产，优质，抗病
96	新巴尔虎左旗	极早熟农家红粒长架豆	5月下旬	7月下旬	高产，优质，抗病

（续表）

序号	旗（县、市、区）	种质名称	播种期	收获期	主要特性
97	新巴尔虎左旗	农家五月鲜	4月下旬	6月上旬	高产，优质，抗病，广适，耐寒
98	牙克石市	极早熟小红粒地菜豆	5月下旬	7月下旬	优质，抗病，耐寒
99	牙克石市	极早熟大红粒宽菜豆	5月下旬	7月下旬	优质，抗病，耐寒
100	扎赉诺尔区	农家紫花芸豆	5月下旬	9月下旬	高产，优质，广适
101	扎赉诺尔区	花腰子芸豆	5月下旬	9月上旬	高产，广适
102	扎赉诺尔区	农家奶花芸豆	5月中旬	9月中旬	高产，优质，广适
103	扎赉诺尔区	极早熟农家花脊宽菜豆	5月下旬	7月下旬	优质，抗病，耐寒
104	扎赉诺尔区	早熟农家黑油地菜豆	5月下旬	7月中旬	优质，抗病，耐寒
105	扎赉诺尔区	农家大黑珍珠面豆角	5月下旬	7月上旬	高产，优质，抗病
106	扎赉诺尔区	早熟农家棕粒长白豆	5月下旬	7月上旬	高产，优质，抗病，耐寒
107	扎赉诺尔区	农家褐粒紫绿油豆角	5月下旬	7月中旬	高产，优质，抗病
108	扎赉诺尔区	早熟农家圆柱红菜豆	5月下旬	7月下旬	优质，抗病，耐寒
109	扎兰屯市	农家扁粒紫饭豆	5月中旬	9月下旬	高产，优质，抗病
110	扎兰屯市	农家大紫袍饭豆	5月中旬	9月下旬	高产，优质，抗病
111	扎兰屯市	农家红眼圈花饭豆	5月中旬	9月下旬	高产，优质，抗病

三、优异种质资源

1. 小紫连豆

采集编号：P150104037

采集地点：呼和浩特市玉泉区小黑河镇郭家营村

地方品种，具有高产、优质、抗病的特性。生育期5月下旬至9月上旬，总状花序比叶短，有数朵生于花序顶部的花；小苞片卵形，有数条隆起的脉，花萼杯状，翼瓣倒卵形。荚果带形，稍弯曲。种子椭圆形，紫色，种脐白色。

2. 巴彦琥硕豆角

采集编号：P150423017

采集地点：赤峰市巴林右旗巴彦琥硕镇白音和硕村

地方品种，具有高产、优质、抗病、抗虫、广适、耐涝的特性。生育期5月上旬至9月下旬。茎缠绕生长，吊蔓，植株无限生长。羽状复叶具3小叶，小叶宽卵形。总状花序，蝶形花。花冠紫色。荚果带形，扁，稍弯曲，长 20.3 厘米，宽 1.1 厘米，白色果皮。种子黄棕色有黑色环状花纹，千粒重 433 克。

3. 豆角

采集编号：P150626001

采集地点：鄂尔多斯市乌审旗无定河镇堵嘎湾村

地方品种，具有广适的特性。生育期 5 月上旬至 9 月上旬，俗称二季豆或四季豆，嫩荚或种子可做鲜菜。

4. 农家白饭豆

采集编号：P150702040

采集地点：呼伦贝尔市海拉尔区哈克镇哈克村

地方品种，具有高产、优质、抗病、广适、耐寒的特性。生育期 5 月下旬至 8 月下旬，生育日数 75 天左右。株高 40～50 厘米，植株直立，有分枝，心形三出复叶，开展度 35 厘米，花白色。荚绿色，扁形，尖端稍弯，荚长 8～12 厘米，有限结荚习性。籽粒白色带浅色暗花纹。籽粒卵圆形，千粒重 545 克。

5. 农家紫花芸豆

采集编号：P150703003

采集地点：呼伦贝尔市扎赉诺尔区灵泉镇

地方品种，具有高产、优质、广适的特性。生育期 5 月下旬至 9 月下旬，粮菜兼用。株高 30～45 厘米，半蔓生，蔓长 60 厘米，植株直立，心脏形三出复叶，开展度 35 厘米，花紫色。荚绿色，扁形，尖端稍弯，荚长 14 厘米。植株伞形，4 个分枝，无限结荚习性。生长后期蔓自然脱落，植株上部仍结荚。粒深红色带浅红色花纹，肾形稍扁，中等粒，千粒重 520 克。生育日数 85 天左右。

6. 花腰子芸豆

采集编号：P150703004

采集地点：呼伦贝尔市扎赉诺尔区灵泉镇

地方品种，具有高产、广适的特性。生育期 5 月下旬至 9 月上旬，粮菜兼用。株高 40～50 厘米，半蔓生，蔓长 50 厘米，植株直立，心脏形三出复叶，开展度 35 厘米，花紫色。荚绿色，扁形，尖端稍弯，荚长 14 厘米。生长后期蔓自然脱落，植株上部仍结荚。粒深红色带浅红色花纹，肾形稍扁，中等粒，千粒重 520 克。生育日数 85 天左右。

7. 农家奶花芸豆

采集编号：P150703023

采集地点：呼伦贝尔市扎赉诺尔区灵泉镇

地方品种，具有高产、优质、广适的特性。生育期 5 月中旬至 9 月中旬，生育日数 76 天左右，属早熟品种，粮菜兼用。株高 30～40 厘米，植株直立，半蔓生型，心脏形三出复叶，开展度 30～40 厘米，花紫色。荚绿色带红色条纹，扁圆，尖端稍弯，荚长 13～14 厘米。植株伞形，主茎分枝 5 个左右，无限结荚习性。粒乳白色带粉红色花纹，肾形，千粒重 460 克左右。

8. 农家红小豆

采集编号：P150721007

采集地点：呼伦贝尔市阿荣旗霍尔奇镇东山根村

地方品种，具有优质、抗病、广适的特性。生育期 5 月中旬至 9 月上旬，生育日数 80～90 天。株高 25～40 厘米，茎方形，植株开展，节间短，叶片较小、稍尖，开黄花，结荚密，荚细长，为 8～10 厘米，每荚 5～7 粒。种子嫩时淡红色，圆柱形，白脐呈条形，成熟粒小，呈赤红色。

9. 农家地油豆

采集编号：P150721044

采集地点：呼伦贝尔市阿荣旗向阳峪镇松塔沟村

地方品种，具有高产、优质、抗病、广适、耐寒的特性。生育期 5 月中旬至 6 月下旬，早熟，出苗 45 天左右即可采收豆角，上市早。粮菜兼用，救荒。

10. 红豆

采集编号：P150722032

采集地点：呼伦贝尔市莫力达瓦达斡尔族自治旗汉古尔河镇汉古尔河村

地方品种，具有高产、优质、抗病的特性，高抗叶斑病、根腐病。生育期 5 月上旬至 10 月中旬，生育日数 110 天左右，株高 40～50 厘米，多分枝，有限结荚习性。叶片卵圆形，三出复叶，叶柄较长。花黄色，蝶形；豆荚圆柱形，稍弯，长 15 厘米左右；籽粒圆形，种皮红色，千粒重 152 克。

11. 农家早熟菜豆

采集编号：P150722034

采集地点：呼伦贝尔市莫力达瓦达斡尔族自治旗汉古尔河镇胜利村

地方品种，具有高产、优质、抗病、广适、耐寒的特性。生育期5月上旬至6月下旬，豆角收获早，粮菜兼用。高抗叶斑病、豆角斑点病。早熟菜豆，矮生型，植株直立，株高40厘米左右。心脏形三出复叶，开展度35厘米，植株伞形，多分枝，圆叶，叶封顶形成花序，黄白花。亚有限结荚习性。茎叶绿色。嫩荚淡绿色，成熟后黄色，圆棍形，稍弯，荚长14厘米左右，厚1～1.2厘米。结荚集中，嫩荚果纤维少，肉厚。种子黄白褐色，有浅蓝色花纹，肾形，千粒重590克左右。

12. 农家红芸豆

采集编号：P150722038

采集地点：呼伦贝尔市莫力达瓦达斡尔族自治旗西瓦尔图镇西瓦尔图村

地方品种，具有高产、优质、抗病、广适的特性。生育期5月中旬至9月中旬，早熟品种，生育日数100天左右。矮生型，植株直立，株高35～40厘米。心脏形三出复叶，开展度35厘米，植株伞形，小分枝4个，圆叶，叶封顶形成花序，花浅紫白色。亚有限结荚习性。茎叶绿色。嫩荚淡绿色，成熟后黄色，圆棍形，稍弯，荚长14厘米左右。种子红色，肾形，千粒重350克左右。

13. 孔雀红芸豆

采集编号：P150723026

采集地点：呼伦贝尔市鄂伦春自治旗古里乡兴牧村

地方品种，具有高产、优质、抗病、广适的特性。生育期5月中旬至9月中旬，生育日数100天左右。籽粒皮薄，食用口感好。株高40～65厘米，植株直立，心脏形三出复叶，花紫色。荚浅黄色，荚长15厘米左右。植株伞形，3～7个分枝，有限结荚习性。籽粒肾形，半红半白，白色部分带红色斑点，千粒重460克左右。

14. 宽荚菜豆

采集编号：P150723036

采集地点：呼伦贝尔市鄂伦春自治旗大杨树镇多布库尔猎民村

地方品种，具有高产、优质、抗病、广适、耐寒的特性。生育期5月上旬至7月上旬，生育日数75天左右。早熟，上市早。粮菜兼用，救荒。矮生型，植株直立，株高40厘米左右。心脏形三出复叶，开展度35厘米，植株伞形，叶封顶形成花序，浅黄白花。亚有限结荚习性。茎叶绿色。嫩荚淡绿色，成熟后黄色，宽荚肉厚，稍弯，荚长14厘米左右。结荚集中，嫩荚果纤维少。种子灰褐色，肾形，千粒重 340 克左右。

15. 农家黄眼圈饭豆

采集编号：P150725027

采集地点：呼伦贝尔市陈巴尔虎旗巴彦库仁镇浩特陶海农牧场

地方品种，具有高产、优质、抗病、广适的特性。生育期 5 月下旬至 9 月上旬，生育日数 70 天左右。早熟，喜阴，救灾补种品种。株高 35 ～ 38 厘米，有分枝，有限结荚习性。叶片圆形，花白色。荚长 15 厘米左右，绿色，有弯曲。籽粒圆形，种皮乳白色；脐白色，周边有黄圈，故名黄眼圈。千粒重 450 克。

16. 农家五月鲜

采集编号：P150726037

采集地点：呼伦贝尔市新巴尔虎左旗阿木古郎镇

地方品种，具有高产、优质、抗病、广适、耐寒的特性。生育期 4 月下旬至 6 月上旬，生育日数 80 天左右。株高 40 厘米左右，有分枝，有限结荚习性。叶片圆形，花紫白色。荚长 18 厘米左右，绿色，圆棍形。籽粒肾形，种皮暗红色，种脐乳白色，千粒重 320 克。

17. 极早熟小粒矮豆角

采集编号：P150702051

采集地点：呼伦贝尔市海拉尔区哈克镇哈克村

地方品种，具有高产、优质、抗病、广适、耐寒的特性。生育期 5 月上旬至 6 月下旬，早熟，豆角收获早，粮菜兼用。抗豆角叶斑病、豆角斑点病。

18. 农家白花紫芸豆

采集编号：P150722052

采集地点：呼伦贝尔市莫力达瓦达斡尔族自治旗尼尔基镇绘图莫丁村

地方品种，具有高产、优质、抗病的特性。生育期 5 月中旬至 9 月下旬，生育日数 90 天左右。株高 50 厘米左右，半蔓生，蔓长 60 厘米，植株直立，心脏形三出复叶，开展度 35 厘米，花冠粉白色。荚绿色，扁形，尖端稍弯，荚长 14 厘米左右。粒深紫色带白色花纹，长肾形稍扁，大籽粒，千粒重 760 克。

19. 早熟花纹矮豆角

采集编号：P150724045

采集地点：呼伦贝尔市鄂温克族自治旗巴彦托海镇团结嘎查

地方品种，具有高产、优质、抗病、广适、耐寒的特性。生育期5月上旬至6月下旬，生育日数75天左右。矮生型，植株直立，株高45厘米左右。心脏形三出复叶，多分枝，叶心形，白花。有限结荚习性。茎叶绿色。嫩荚白绿色，成熟后黄色，扁圆形，稍弯，荚长14厘米左右，宽1～1.2厘米。结荚集中，嫩荚果纤维少，肉厚。种子乳黄色，有条状暗色花纹，椭圆形，千粒重540克。

20. 农家早熟紫花矮油豆

采集编号：P150725041

采集地点：呼伦贝尔市陈巴尔虎旗巴彦库仁镇浩特陶海农牧场

地方品种，具有高产、优质、抗病、广适、耐寒的特性。生育期5月下旬至7月下旬，生育日数75天左右。豆角无筋，肉厚，粮菜兼用，口感好。株高40～50厘米，植株直立，有分枝，心形三出复叶，开展度35厘米，花浅紫色。荚绿色，有紫色云斑，扁形，较宽，荚长8～12厘米。有限结荚习性。籽粒乳黄色，带紫色条状花纹。籽粒卵圆形，千粒重480克。

21. 农家早熟矮豆角

采集编号：P150726039

采集地点：呼伦贝尔市新巴尔虎左旗阿木古郎镇

地方品种，具有高产、优质、抗病、广适、耐寒的特性。生育期5月下旬至7月上旬，生育日数80天。粮菜兼用。早熟。株高40厘米左右，有分枝，有限结荚习性。叶片圆形，花粉白色。荚长18厘米左右，绿色，稍有弯曲。籽粒肾形，种皮土黄色，种脐乳白色，千粒重400克。

22. 农家极早熟黄粒饭豆

采集编号：P150784045

采集地点：呼伦贝尔市额尔古纳市恩和俄罗斯民族乡室韦镇

地方品种，具有高产、优质、抗病、广适、耐寒的特性。生育期5月下旬至8月下旬，生育日数75天左右。极早熟，适宜高寒地区种植。口感好，有香味。高抗叶斑病、豆角斑点病。矮生型，植株直立，株高40厘米左右。心脏形三出复叶，植株伞形，有分枝，圆叶，叶封顶形成花序，黄白花。有限结荚习性。嫩荚淡绿色，成熟后黄色稍弯，荚长14厘米左右。种子乳黄色，椭圆形；种脐白色，周边有褐色圆圈，千粒重500克。

23. 极早农家褐粒白架豆

采集编号：P150702059

采集地点：呼伦贝尔市海拉尔区奋斗镇和平村

地方品种，具有高产、优质、抗病的特性，高抗叶斑病。生育期5月下旬至7月上旬，生育日数80天左右。豆角无筋，肉厚，粮菜兼用，食用口感好。株高200厘米左右，有分枝，无限结荚习性。叶片心形，花白色。荚长22厘米左右，白色，稍弯。籽粒圆筒形，种皮褐色或灰色，种脐白色，千粒重380克。

24. 农家红纹雀蛋油豆

采集编号：P150702063

采集地点：呼伦贝尔市海拉尔区哈克镇哈克村

地方品种，具有高产、优质、抗病、耐寒的特性，高抗叶斑病。生育期5月下旬至7月中旬，生育日数90天左右。豆角无筋，肉厚，食用口感好。株高200厘米左右，有分枝，无限结荚习性。叶片心形，有叶柄，花紫色。荚长18厘米左右，绿色带红色花纹，稍弯。籽粒椭圆形，种皮乳白色带红色花纹，种脐白色，周边有黄眼圈，千粒重500克。

25. 农家大黑珍珠面豆角

采集编号：P150703049

采集地点：呼伦贝尔市扎赉诺尔区灵泉镇兴泉社区

地方品种，具有高产、优质、抗病的特性，高抗叶斑病。生育期5月下旬至7月上旬，生育日数80天。豆角无筋，肉厚，粮菜兼用，食用口感好。株高200厘米左右，有分枝，无限结荚习性。叶片心形，花白色。荚长17厘米左右，绿色有紫云。籽粒卵圆形，种皮黑色，有亮光，种脐白色，千粒重650克。

26. 农家红花纹宽油豆

采集编号：P150723065

采集地点：呼伦贝尔市鄂伦春自治旗大杨树镇镇郊

地方品种，具有高产、优质、抗病的特性，高抗叶斑病。生育期5月下旬至8月上旬，生育日数90天左右。豆角无筋，肉厚，粮菜兼用，食用口感好。株高200厘米左右，有分枝，无限结荚习性。叶片心形，花紫色。荚长17厘米左右，绿色带红色花纹，稍弯。籽粒椭圆形，种皮黄色带红色花纹，种脐白色，千粒重590克。

27. 农家大灰粒长油豆

采集编号：P150725058

采集地点：呼伦贝尔市陈巴尔虎旗特泥河苏木场部

地方品种，具有高产、优质、抗病的特性。生育期5月下旬至7月中旬，生育日数80天左右。株高200厘米左右，有分枝，无限结荚习性。叶片心形，花紫色。荚长18厘米左右，宽17毫米左右，鲜绿色，稍弯。籽粒椭圆形，种皮灰色，籽粒大，种脐白色，周边有黄圈，千粒重780克。

28. 农家紫纹扁褐粒架油豆

采集编号：P150726059

采集地点：呼伦贝尔市新巴尔虎左旗阿木古郎镇

地方品种，具有高产、优质、抗病的特性，高抗叶斑病。生育期5月下旬至8月上旬，生育日数80天左右。豆角无筋，肉厚，粮菜兼用，食用口感好。株高200厘米左右，有分枝，无限结荚习性。叶片心形，花紫色。荚长18厘米左右，绿色带紫花纹。籽粒长肾形，种皮褐色，带紫色条状花纹，种脐白色，千粒重480克。

29. 早熟农家紫花灰油豆

采集编号：P150727059

采集地点：呼伦贝尔市新巴尔虎右旗阿拉坦额莫勒镇巴彦陶日木嘎查

地方品种，具有高产、优质、抗病的特性，高抗叶斑病。生育期5月下旬至8月中旬，生育日数90天左右。豆荚无筋，肉厚，食用口感好。株高200厘米左右，有分枝，无限结荚习性。叶片心形，花紫色。荚长18厘米左右，绿色带紫色花纹，稍弯。籽粒椭圆形，种皮灰色带紫色花纹，种脐白色，千粒重520克。

30. 早熟农家黑花纹黄面豆

采集编号：P150727060

采集地点：呼伦贝尔市新巴尔虎右旗阿拉坦额莫勒镇巴彦陶日木嘎查

地方品种，具有高产、优质、抗病的特性。生育期5月下旬至8月上旬，生育日数90天左右。食用口感好。高抗叶斑病。株高200厘米左右，有分枝，无限结荚习性。叶片心形，花紫色。荚长18厘米左右，绿色带紫色花纹，稍弯。籽粒椭圆形，种皮乳黄色带黑色花纹，种脐白色，千粒重510克。

31. 农家六月忙褐粒长豆角

采集编号：P150727063

采集地点：呼伦贝尔市新巴尔虎右旗阿拉坦额莫勒镇西庙嘎查

地方品种，具有高产、优质、抗病的特性。生育期5月下旬至7月上旬，生育日数 85 天左右。株高 200 厘米左右，有分枝，无限结荚习性。叶片心形，花白色。荚长 27 厘米左右，绿色长条形，稍弯。籽粒圆柱形，种皮褐色，种脐褐色，千粒重 320 克。

32. 极早熟小红粒地菜豆

采集编号：P150782056

采集地点：呼伦贝尔市牙克石市博克图镇镇郊

地方品种，具有优质、抗病、耐寒的特性。生育期 5 月下旬至 7 月下旬，生育日数 75 天左右。株高 45～50 厘米，植株直立，有分枝，心形三出复叶，花冠紫色。荚绿色，荚长 15 厘米左右。无限结荚习性。籽粒红色，有细小黄花纹，椭圆形，种脐白色，千粒重 380 克。

33. 极早熟大红粒宽菜豆

采集编号：P150782057

采集地点：呼伦贝尔市牙克石市牧原镇永兴村

地方品种，具有优质、抗病、耐寒的特性，高抗叶斑病。生育期 5 月下旬至 7 月下旬，生育日数 75 天左右。极早熟，粮菜兼用，口感好。株高 45～50 厘米，植株直立，有分枝，心形三出复叶，花冠紫色。荚绿色，荚长 15 厘米左右。有限结荚习性。籽粒红色，椭圆形，种脐白色，千粒重 610 克。

34. 极早熟农家黑花灰油豆

采集编号：P150785042

采集地点：呼伦贝尔市根河市好里堡街道林业局家属区

地方品种，具有高产、优质、抗病的特性。生育期 5 月下旬至 7 月中旬，生育日数 80 天左右。株高 200 厘米左右，有分枝，无限结荚习性。叶片心形，花白色。荚长 18 厘米左右，绿色带黑花纹。籽粒卵圆形，稍扁，种皮灰色，有黑花纹，种脐白色，周边有黄眼圈。千粒重 510 克。

35. 极早熟农家小粉粒芸豆

采集编号：P150785063

采集地点：呼伦贝尔市根河市敖鲁古雅鄂温克民族乡木瑞村

地方品种，具有优质、抗病、耐寒的特性。生育期 5 月下旬至 8 月下旬，生育日数 75 天左右。食用口感好，易熟。株高 45～50 厘米，植株直立，有分枝，心形三出复叶，开展度 35 厘米，花冠白色。荚绿色，荚长 15 厘米左右。有限结荚习性。籽粒浅粉色，不规整四边形，种脐白色，黄眼圈，千粒重 250 克。

36. 极早熟农家黄粒长豆角

采集编号：P150785064

采集地点：呼伦贝尔市根河市河西街道

地方品种，具有高产、优质、抗病、耐寒的特性。生育期 5 月下旬至 7 月上旬，生育日数 80 天左右。株高 200 厘米左右，有分枝，无限结荚习性。叶片心形，花白色。荚长 23 厘米左右，白绿色，稍有弯曲。籽粒长肾形，种皮黄色，种脐白色，千粒重 340 克。

37. 极早熟黄眼圈灰饭豆

采集编号：P150785066

采集地点：呼伦贝尔市根河市河西街道

地方品种，具有高产、优质、抗病、耐寒的特性。生育期 5 月下旬至 8 月下旬，生育日数 75 天左右。株高 45～50 厘米，植株直立，有分枝，心形三出复叶，花冠白色。荚绿色，荚长 17 厘米左右。无限结荚习性。籽粒浅灰色，卵圆形，种脐白色，周边有黄色眼圈，千粒重 390 克。

第二节　菜　豆

一、概述

菜豆（*Phaseolus vulgaris*）是豆科菜豆属一年生草本植物，以豆荚、种子为食。菜豆因其嫩美可做菜故名。菜豆原产于中南美洲，16 世纪，西班牙人将菜豆传入中国，目前分布于云南、广东、广西、福建等地。菜豆生于土地肥沃的向阳处。菜豆的繁殖方法主要有扦插和播种。

菜豆味甘、淡，性平。菜豆有滋补、解热、利尿、消肿等功效；对治疗水肿、脚气病有特殊疗效。食用菜豆必须煮熟煮透，消除不利因素，趋利避害，更好地发挥其营养效益。菜豆鲜嫩荚也可作蔬菜食用，还可脱水或制罐头。

二、种质资源分布

本次普查与征集共获得菜豆种质资源 175 份，分布在 10 个盟（市）的

49个旗（县、市、区）（表6-3、表6-4）。

表6-3 普查与征集获得普通菜豆种质资源分布情况

序号	盟（市）	旗（县、市、区）	种质资源数量
1	呼和浩特市	玉泉区、土默特左旗、托克托县、和林格尔县、清水河县、赛罕区、武川县	13
2	包头市	东河区、石拐区、白云鄂博矿区、土默特右旗、达尔罕茂明安联合旗	12
3	兴安盟	乌兰浩特市、阿尔山市、科尔沁右翼前旗、科尔沁右翼中旗、扎赉特旗、突泉县	34
4	通辽市	霍林郭勒市、开鲁县、科尔沁区、科尔沁左翼后旗、科尔沁左翼中旗、库伦旗、奈曼旗、扎鲁特旗	20
5	赤峰市	松山区、巴林左旗、巴林右旗、克什克腾旗、翁牛特旗、喀喇沁旗、宁城县	41
6	锡林郭勒盟	锡林浩特市、多伦县	2
7	乌兰察布市	化德县、商都县、兴和县、凉城县、察哈尔右中旗、四子王旗、卓资县、丰镇市、察哈尔右翼前旗	32
8	巴彦淖尔市	临河区、五原县、乌拉特后旗	15
9	乌海市	海南区	3
10	呼伦贝尔市	满洲里市	3

表6-4 普查与征集获得普通菜豆种质资源特征信息

序号	旗（县、市、区）	种质名称	播种期	收获期	主要特性
1	玉泉区	黄金钩	5月中旬	8月下旬	高产，优质，其他
2	玉泉区	红架豆	5月下旬	8月中旬	高产，优质，抗病，广适
3	玉泉区	大粒红地豆	5月下旬	8月中旬	高产，优质，抗病，广适
4	土默特左旗	小红芸豆	6月上旬	8月上旬	优质，抗病，抗虫，耐盐碱，抗旱，广适，耐贫瘠
5	土默特左旗	黄金架豆	5月上旬	9月下旬	高产，优质，抗病，抗虫，耐盐碱，抗旱，广适，耐贫瘠
6	托克托县	小红芸豆	4月下旬	8月中旬	优质，抗病，抗旱，耐贫瘠
7	和林格尔县	黑架豆	5月上旬	9月下旬	高产，优质，抗旱，耐贫瘠
8	和林格尔县	粉架豆	5月上旬	9月下旬	优质，抗旱，耐贫瘠
9	和林格尔县	圆奶花豆	5月上旬	8月中旬	高产，优质，抗旱，耐寒，耐贫瘠

（续表）

序号	旗（县、市、区）	种质名称	播种期	收获期	主要特性
10	清水河县	花菜豆	5月上旬	9月下旬	高产，优质，抗病，抗旱，广适，耐寒
11	赛罕区	老虎豆	4月下旬	9月上旬	高产，优质，耐盐碱，抗旱，耐寒，耐贫瘠
12	武川县	小花芸豆	5月中旬	9月上旬	高产，优质，抗病，抗旱，广适
13	武川县	大白芸豆	5月中旬	9月上旬	高产，优质，抗病，抗旱
14	东河区	东河地豆角	5月下旬	9月上旬	优质，抗病，广适，耐寒
15	石拐区	白地豆	5月上旬	9月下旬	优质，广适，耐贫瘠
16	白云鄂博矿区	白云架豆	5月上旬	7月下旬	优质，广适
17	白云鄂博矿区	白云七寸莲	5月下旬	8月上旬	优质，抗病，广适
18	白云鄂博矿区	白云地豆	5月中旬	8月下旬	优质，抗病，广适
19	白云鄂博矿区	黑地豆	5月上旬	8月中旬	优质，抗病，广适
20	白云鄂博矿区	长豇豆	5月上旬	8月中旬	优质，抗病，广适
21	白云鄂博矿区	早熟紫架豆	5月上旬	8月中旬	优质，抗病，广适
22	土默特右旗	土右绿菜豆	5月中旬	9月上旬	抗病，抗旱，耐贫瘠
23	土默特右旗	彩色架豆	5月中旬	9月上旬	抗病，抗旱，耐贫瘠
24	达尔罕茂明安联合旗	达茂地豆	5月中旬	9月中旬	优质，抗病，耐盐碱，广适
25	达尔罕茂明安联合旗	达茂黑架王	5月中旬	9月中旬	优质，抗病，耐盐碱，广适
26	乌兰浩特市	绿儿豆	5月下旬	9月上旬	优质，抗病，抗虫，耐盐碱，抗旱，耐寒，耐贫瘠，耐热
27	乌兰浩特市	黄腰饭豆	6月中旬	10月上旬	优质，抗病，抗虫，耐盐碱，抗旱，耐寒，耐贫瘠，耐热
28	乌兰浩特市	奶花芸豆	6月中旬	9月上旬	优质，抗病，抗虫，耐盐碱，抗旱，耐寒，耐贫瘠，耐热
29	乌兰浩特市	精米豆	6月上旬	9月上旬	优质，抗病，抗虫，耐盐碱，抗旱，耐寒，耐贫瘠，耐热
30	乌兰浩特市	民合兔眼豆	5月上旬	8月中旬	优质，抗病，抗虫，抗旱，耐涝，耐贫瘠
31	乌兰浩特市	白八月绿	5月上旬	8月中旬	高产，优质，抗病，抗虫，抗旱，耐涝，耐贫瘠，耐热

（续表）

序号	旗（县、市、区）	种质名称	播种期	收获期	主要特性
32	乌兰浩特市	九粒白	5月中旬	7月上旬	高产，优质，抗病，抗虫，耐盐碱，抗旱，广适，耐寒，耐热
33	乌兰浩特市	黄金钩	5月中旬	7月下旬	优质，抗病，抗虫，抗旱，广适，耐寒，耐贫瘠，耐热
34	乌兰浩特市	地油豆	5月上旬	7月下旬	高产，优质，抗病，抗虫，抗旱，广适，耐寒，耐贫瘠，耐热
35	乌兰浩特市	挂满架	5月上旬	7月中旬	高产，优质，抗病，抗虫，抗旱，广适，耐寒，耐贫瘠
36	乌兰浩特市	将军一点红	5月上旬	7月中旬	高产，优质，抗病，抗虫，抗旱，广适，耐寒，耐贫瘠，耐热
37	乌兰浩特市	石磨豆	6月上旬	9月上旬	优质，抗病，抗虫，抗旱，耐寒，耐贫瘠，耐热
38	阿尔山市	阿尔山豆角	6月中旬	9月上旬	高产，耐寒
39	阿尔山市	明水豆角1号	5月下旬	9月下旬	抗病，耐寒
40	阿尔山市	明水豆角2号	5月下旬	9月下旬	抗虫，耐贫瘠
41	阿尔山市	明水豆角3号	5月下旬	9月下旬	优质，耐寒
42	阿尔山市	明水豆角4号	5月下旬	9月下旬	广适，耐寒
43	阿尔山市	明水豆角5号	5月下旬	9月下旬	高产，耐寒
44	阿尔山市	天池豆角1号	5月下旬	9月中旬	耐寒，耐贫瘠
45	阿尔山市	天池豆角2号	5月下旬	9月中旬	高产，耐寒
46	阿尔山市	天池豆角3号	5月下旬	9月中旬	抗病，耐寒
47	阿尔山市	天池豆角4号	5月下旬	9月中旬	优质，耐寒
48	阿尔山市	天池豆角5号	5月下旬	9月中旬	抗病，抗虫，抗旱，广适，耐寒
49	科尔沁右翼前旗	红花芸豆	5月上旬	8月中旬	高产，优质
50	科尔沁右翼前旗	奶花芸豆	5月上旬	9月中旬	高产，优质，抗病，抗虫
51	科尔沁右翼前旗	索伦油豆	4月下旬	8月中旬	高产，优质
52	科尔沁右翼前旗	索伦看豆	4月下旬	7月上旬	高产，优质
53	科尔沁右翼前旗	索伦面豆	5月上旬	8月上旬	优质，抗病，抗虫
54	科尔沁右翼中旗	红芸豆	5月下旬	9月下旬	优质
55	科尔沁右翼中旗	白芸豆	6月上旬	9月下旬	优质
56	科尔沁右翼中旗	菜豆	6月上旬	9月下旬	优质

（续表）

序号	旗（县、市、区）	种质名称	播种期	收获期	主要特性
57	扎赉特旗	白沙克芸豆	5月上旬	9月下旬	优质，耐寒
58	扎赉特旗	花腰豆	5月下旬	7月下旬	优质，耐热
59	突泉县	黄金勾豆角	5月中旬	9月中旬	优质，耐贫瘠，其他
60	霍林郭勒市	大白豆角	5月中旬	8月上旬	高产，优质，抗旱
61	霍林郭勒市	青油豆角	5月下旬	9月下旬	高产，优质，抗旱，耐寒
62	开鲁县	一挂鞭豆角	5月上旬	7月中旬	优质，抗病，抗旱，耐寒，其他
63	开鲁县	长白豆角	5月上旬	8月上旬	优质，抗病，其他
64	科尔沁区	长肾豆角	4月中旬	6月上旬	高产，优质，抗病，抗旱，广适
65	科尔沁区	短肾豆角	4月中旬	6月上旬	高产，优质，抗病，抗旱，广适
66	科尔沁区	大宝白豆角	5月上旬	7月下旬	高产，优质，抗旱，耐寒
67	科尔沁左翼后旗	恰克图紫豆角	5月上旬	7月上旬	优质，其他
68	科尔沁左翼中旗	白豆角	5月中旬	7月上旬	高产，优质，抗旱
69	科尔沁左翼中旗	紫花豆角	6月中旬	8月上旬	高产，优质，抗旱
70	科尔沁左翼中旗	大紫花豆角	4月中旬	6月上旬	高产，优质，抗病，抗旱，广适
71	科尔沁左翼中旗	油豆角	4月中旬	6月上旬	高产，优质，抗病，抗旱，广适
72	库伦旗	花豆角	4月下旬	7月上旬	高产，优质，抗旱
73	库伦旗	本地豆角	4月中旬	7月上旬	优质，抗旱，耐贫瘠
74	奈曼旗	秋不老豆角	5月上旬	8月中旬	高产，优质，抗虫
75	奈曼旗	黑豆角	5月下旬	9月中旬	优质，抗病，耐盐碱，抗旱，广适，耐贫瘠
76	奈曼旗	面豆角	5月下旬	9月中旬	优质，抗病，耐盐碱，抗旱，广适，耐贫瘠
77	扎鲁特旗	哲北面豆角	5月中旬	7月中旬	高产，优质，抗病，抗旱，广适
78	扎鲁特旗	大绿豆角	5月中旬	7月中旬	高产，优质，抗旱，广适
79	扎鲁特旗	平安面豆角	5月中旬	9月下旬	高产，优质，抗病，抗虫，抗旱，广适
80	松山区	白芸豆	5月中旬	9月下旬	其他
81	松山区	紫袍架豆	5月中旬	9月下旬	其他
82	松山区	九粒红	5月中旬	9月下旬	其他
83	松山区	大连白	5月中旬	9月下旬	其他

（续表）

序号	旗（县、市、区）	种质名称	播种期	收获期	主要特性
84	松山区	株八斤	5月中旬	9月下旬	其他
85	松山区	压趴架	5月中旬	9月下旬	其他
86	松山区	老日本花皮豆	5月中旬	9月下旬	其他
87	松山区	九粒红	5月上旬	9月下旬	优质，抗旱，广适
88	松山区	日本画皮豆	5月上旬	9月下旬	优质，抗旱，广适
89	巴林左旗	奶花芸豆	5月下旬	9月上旬	其他
90	巴林左旗	绿条豆角	5月上旬	7月下旬	优质，广适，耐贫瘠
91	巴林左旗	白条豆角	5月中旬	9月下旬	优质，耐贫瘠
92	巴林右旗	小白豆	5月中旬	9月上旬	优质，耐寒，耐贫瘠
93	克什克腾旗	兔子翻白眼	5月上旬	8月中旬	高产，广适
94	克什克腾旗	大黑花芸豆	5月中旬	8月上旬	高产，广适
95	克什克腾旗	小白豆	5月上旬	8月上旬	优质，抗旱，耐寒，耐贫瘠
96	克什克腾旗	奶花圆芸豆	5月中旬	8月中旬	优质，抗旱，耐寒，耐贫瘠
97	克什克腾旗	紫沙豆（菜豆）	5月中旬	8月中旬	优质，抗旱，耐寒，耐贫瘠
98	克什克腾旗	奶花长芸豆	5月中旬	8月中旬	优质，抗旱，耐寒，耐涝，耐贫瘠
99	克什克腾旗	红芸豆	5月中旬	8月中旬	优质，抗旱，耐寒，耐涝，耐贫瘠
100	克什克腾旗	紫轱辘坡芸豆	5月中旬	8月中旬	优质，抗旱，耐寒，耐涝，耐贫瘠
101	翁牛特旗	芸豆	5月上旬	9月下旬	耐热，其他
102	翁牛特旗	老老少	5月中旬	9月下旬	抗旱，其他
103	翁牛特旗	小白豆	5月上旬	9月下旬	抗旱，耐贫瘠，其他
104	翁牛特旗	奶花芸豆	5月中旬	9月中旬	耐贫瘠，其他
105	翁牛特旗	面豆	5月中旬	9月中旬	耐贫瘠，其他
106	翁牛特旗	麻籽豆	5月中旬	9月中旬	耐贫瘠，其他
107	翁牛特旗	老母猪翻白眼	5月中旬	9月中旬	耐贫瘠，其他
108	喀喇沁旗	呢了蛋	5月中旬	9月下旬	高产，优质
109	喀喇沁旗	红芸豆	5月下旬	9月上旬	高产，优质
110	喀喇沁旗	小红芸豆	5月下旬	9月上旬	高产，优质
111	喀喇沁旗	黑芸豆	5月下旬	9月上旬	高产，优质，抗旱
112	喀喇沁旗	老虎墩	5月中旬	9月中旬	高产，优质

（续表）

序号	旗（县、市、区）	种质名称	播种期	收获期	主要特性
113	宁城县	金丝豆	5月中旬	9月下旬	其他
114	宁城县	老婆子耳朵	5月中旬	9月中旬	其他
115	宁城县	绿皮豆角（灰黑色）	5月上旬	9月上旬	其他
116	宁城县	红老婆耳朵	5月中旬	9月下旬	其他
117	宁城县	红芸豆	6月下旬	9月中旬	其他
118	宁城县	黑芸豆	5月下旬	9月下旬	其他
119	宁城县	花芸豆	5月上旬	9月下旬	其他
120	宁城县	窝豆	6月中旬	8月下旬	其他
121	锡林浩特市	红豆	5月上旬	9月上旬	抗旱，耐贫瘠
122	多伦县	奶白花芸豆	5月中旬	9月中旬	优质
123	化德县	小红豆	4月下旬	9月中旬	抗虫，抗旱，耐贫瘠，耐热
124	化德县	大红豆	4月下旬	9月下旬	抗虫，抗旱，耐贫瘠，耐热
125	化德县	花红豆	4月下旬	9月中旬	耐盐碱，广适
126	化德县	紫红豆	4月下旬	9月中旬	抗虫，抗旱，耐贫瘠
127	化德县	小花红豆	4月下旬	9月中旬	高产，优质，抗虫，抗旱
128	化德县	黑白红豆	4月下旬	9月中旬	优质，抗虫，抗旱，耐贫瘠
129	化德县	黑红红豆	4月下旬	9月中旬	优质，抗虫，抗旱，耐贫瘠
130	商都县	本地土红豆	5月下旬	9月上旬	抗病，抗旱，耐寒，耐贫瘠
131	兴和县	黄芸豆	5月中旬	9月下旬	高产，优质
132	兴和县	花菜豆	5月中旬	9月下旬	高产，优质，抗病
133	兴和县	本地小红豆	5月上旬	9月中旬	高产，优质，抗病
134	凉城县	紫芸豆	5月中旬	9月中旬	优质，抗旱
135	察哈尔右翼中旗	五月仙	5月中旬	8月中旬	优质
136	察哈尔右翼中旗	白架豆	5月中旬	8月中旬	优质
137	四子王旗	地豆	5月中旬	9月上旬	优质，抗旱，耐贫瘠
138	四子王旗	红芸豆	5月中旬	9月上旬	高产，优质，抗旱，广适
139	卓资县	红芸豆	5月下旬	8月下旬	优质，抗旱，耐贫瘠
140	卓资县	紫芸豆	5月下旬	9月上旬	高产，抗旱

（续表）

序号	旗（县、市、区）	种质名称	播种期	收获期	主要特性
141	卓资县	黑棍豆	5月下旬	9月上旬	高产，抗旱
142	卓资县	小粉豆	5月下旬	9月上旬	高产，抗旱
143	卓资县	花豆	5月下旬	9月上旬	高产，耐贫瘠
144	卓资县	白扁芸豆	5月下旬	9月上旬	高产，耐贫瘠
145	丰镇市	阴阳豆	5月中旬	8月上旬	高产，优质，抗病，抗虫
146	丰镇市	紫豆角	5月中旬	8月上旬	高产，优质，抗病，抗虫，耐贫瘠
147	丰镇市	红莲豆	5月中旬	9月下旬	高产，优质，抗病，抗虫，抗旱，耐贫瘠
148	丰镇市	红莲豆	5月下旬	9月中旬	高产，优质，抗病，抗虫，抗旱，耐贫瘠
149	察哈尔右翼前旗	红芸豆	5月下旬	8月下旬	高产，抗病，抗旱，广适，耐贫瘠，耐热
150	察哈尔右翼前旗	紫芸豆	5月下旬	8月下旬	抗旱，耐寒，耐贫瘠
151	察哈尔右翼前旗	白芸豆	5月下旬	8月下旬	高产，优质，抗旱，广适，耐寒，耐贫瘠
152	察哈尔右翼前旗	黄芸豆	5月下旬	8月下旬	高产，抗旱，广适，耐寒，耐贫瘠，耐热
153	察哈尔右翼前旗	红芸豆	5月下旬	9月上旬	高产，抗旱，广适，耐贫瘠
154	察哈尔右翼前旗	雀蛋豆	5月下旬	9月下旬	高产，抗旱，广适，耐贫瘠
155	临河区	老豆角	5月中旬	8月中旬	优质，耐盐碱，广适，耐贫瘠
156	临河区	8寸莲豆角	5月上旬	7月下旬	优质，耐盐碱，广适，耐贫瘠
157	临河区	豆角	5月中旬	7月下旬	优质，耐盐碱，广适，耐贫瘠
158	临河区	民丰豆角	5月中旬	7月中旬	优质，耐盐碱，广适，耐贫瘠
159	临河区	临河豆角	5月上旬	8月上旬	优质，耐盐碱，广适，耐贫瘠
160	临河区	新华豆角	5月上旬	7月中旬	优质，耐盐碱，广适，耐贫瘠
161	临河区	小红豆	5月中旬	8月中旬	耐盐碱，广适，耐贫瘠
162	临河区	新丰菜豆	5月上旬	9月上旬	优质，抗病，广适，耐贫瘠，耐热
163	五原县	青岛架豆	5月上旬	7月中旬	高产，优质
164	五原县	绿龙架豆	5月上旬	7月上旬	高产，优质
165	五原县	二宽架豆	5月上旬	7月下旬	高产，优质，耐热

（续表）

序号	旗（县、市、区）	种质名称	播种期	收获期	主要特性
166	五原县	无筋长架豆	5月上旬	9月中旬	高产，优质，广适，其他
167	五原县	大宽豆角	5月上旬	9月中旬	高产，优质，耐热
168	乌拉特后旗	巴音菜豆	6月中旬	9月下旬	优质
169	乌拉特后旗	一尺帘	5月上旬	8月下旬	广适
170	海南区	七寸莲菜豆	5月中旬	7月上旬	高产，优质，耐盐碱，广适，耐热
171	海南区	巴农豆菜一号	5月下旬	7月上旬	高产，优质，广适
172	海南区	巴农菜豆二号	5月中旬	7月上旬	高产，优质，抗病，抗虫，广适，耐寒，耐贫瘠
173	满洲里市	花大架豆角	4月下旬	8月中旬	高产，抗病，抗虫，耐寒
174	满洲里市	鲁阳嫩玉98	5月中旬	7月下旬	高产，优质，抗病，抗虫
175	满洲里市	奶白花饭豆	4月下旬	9月下旬	耐盐碱，抗旱，耐寒

三、优异种质资源

1. 红架豆

采集编号：P150104021

采集地点：呼和浩特市玉泉区小黑河镇西地村

地方品种，具有高产、优质、抗病、广适的特性。生育期5月下旬至8月中旬，茎被短柔毛或老时无毛，羽状复叶，小叶片宽卵形或卵状菱形，总状花序比叶短，有数朵生于花序顶部的花；小苞片卵形，有数条隆起的脉，花萼杯状；翼瓣倒卵形。荚果带形，稍弯曲，荚长20～30厘米。种子肾形，红色。

2. 小红芸豆

采集编号：P150122035

采集地点：呼和浩特市托克托县新营子镇苗家窑子村

地方品种，具有优质、抗病、抗旱、耐贫瘠的特性。生育期4月下旬至8月中旬，该品种以种子为主要食用器官，农村主要用于制作豆馅，口感好。

3. 圆奶花豆

采集编号：P150123033

采集地点：呼和浩特市和林格尔县黑老夭乡田家窑村

地方品种，具有高产、优质、抗旱、耐寒、耐贫瘠的特性。生育期 5 月上旬至 8 月中旬，生育日数 95 天左右。该品种半蔓型，较耐阴，既可直接种植，也可间作套种，经济效益可观，国内市场行情看好，是农民实现高产、优质、高效的理想作物。以食用籽粒为主。

4. 大白芸豆

采集编号：P150125060

采集地点：呼和浩特市武川县大青山乡薛台凹村

地方品种，具有高产、优质、抗病、抗旱的特性。生育期 5 月中旬至 9 月上旬。该品种喜温、短日照作物，生育日数 75 ～ 90 天，需 1 500℃左右的积温。以食用籽粒为主。

5. 东河地豆角

采集编号：P150202032

采集地点：包头市东河区沙尔沁镇海岱村

地方品种，具有优质、抗病、广适、耐寒的特性。生育期 5 月下旬至 9 月上旬。该品种营养丰富，蛋白质含量高，既是蔬菜又是粮食。菜豆茎被短柔毛或老时无毛。小叶宽卵形或卵状菱形，侧生的偏斜，先端长渐尖，有细尖，基部圆形或宽楔形，全缘。

6. 白地豆

采集编号：P150205039

采集地点：包头市石拐区五当召镇新曙光村

地方品种，具有优质、广适、耐贫瘠的特性。生育期 5 月上旬至 9 月下旬。蔓生菜豆类型，生长势强，株高在 3 米以上，基部茎粗 0.8 厘米，叶片为复叶，小叶为阔卵圆形，花白色，嫩荚为嫩绿色，长 25 ～ 30 厘米，横切面近圆形，直径 1 厘米左右，单荚重 12 ～ 14 克，嫩荚粗壮、脆嫩、纤维少，口味清甜，每荚籽粒 5 ～ 7 粒。

7. 黄腰饭豆

采集编号：P152201011

采集地点：兴安盟乌兰浩特市义勒力特镇民生嘎查

地方品种，具有优质、抗病、抗虫、耐盐碱、抗旱、耐寒、耐贫瘠、耐热的特性。生育期 6 月中旬至 10 月上旬。该品种作物籽粒与大米同煮做饭，单煮可制豆馅，幼苗和嫩荚可做蔬菜，茎、叶、籽粒均为优良饲料，用途广。

8. 精米豆

采集编号：P152201013

采集地点：兴安盟乌兰浩特市葛根庙镇哈达那拉嘎查

地方品种，具有优质、抗病、抗虫、耐盐碱、抗旱、耐寒、耐贫瘠、耐热的特性。生育期6月上旬至9月上旬。该品种营养价值高，是一种古老的民间药材，有利水、除湿和排血浓、消肿解毒功能。

9. 民合兔眼豆

采集编号：P152201023

采集地点：兴安盟乌兰浩特市义勒力特镇民合嘎查

地方品种，具有优质、抗病、抗虫、抗旱、耐涝、耐贫瘠的特性。生育期5月上旬至8月中旬。该品种果实黄色，成熟籽粒一半白、一半黑，颜色像兔子眼睛。口感好，市场售价高。

10. 九粒白

采集编号：P152201025

采集地点：兴安盟乌兰浩特市葛根庙镇先锋村

地方品种，具有高产、优质、抗病、抗虫、耐盐碱、抗旱、广适、耐寒、耐热的特性。生育期5月中旬至7月上旬。该品种是早熟、丰产品种，从出苗到始收55天左右，蔓生，商品嫩荚浅绿色，圆形，肉厚，口感好，无菜质膜，采收期集中，商品性好，味道鲜美。

11. 黄金钩

采集编号：P152201026

采集地点：兴安盟乌兰浩特市义勒力特镇羊场子嘎查

地方品种，具有高产、优质、抗病、抗虫、耐盐碱、抗旱、耐热的特性。生育期5月中旬至7月下旬。该品种荚果鲜黄抢眼，口感好、味美，细腻而柔和。

12. 地油豆

采集编号：P152201027

采集地点：兴安盟乌兰浩特市葛根庙镇哈达那拉嘎查

地方品种，具有高产、优质、抗病、抗虫、抗旱、广适、耐寒、耐贫瘠、耐热的特性。生育期5月上旬至7月下旬。该品种为东北地区特产的蔬菜，豆荚大，肉质厚实，产量高，做菜口感好，新鲜炖烂吃或晾干炖肉食用。

13. 阿尔山豆角

采集编号：P152202009

采集地点：兴安盟阿尔山市明水河镇西口村

地方品种，具有高产、耐寒的特性。生育期6月中旬至9月上旬。该品种为一种长豆角，具有较强的耐寒性，其种子是农户多年自留种，口感较好，产量也较高。

14. 索伦油豆

采集编号：P152221026

采集地点：兴安盟科尔沁右翼前旗索伦镇联合嘎查

地方品种，具有高产、优质的特性。生育期4月下旬至8月中旬。该品种口感软糯，豆粒大且饱满，皮嫩易熟。7月中旬开始采摘豆荚，到8月中旬都可采摘，产量较高。索伦油豆栽培历史悠久，是当地的传统菜食。

15. 索伦面豆

采集编号：P152221028

采集地点：兴安盟科尔沁右翼前旗索伦镇联合嘎查

地方品种，具有优质、抗病、抗虫的特性。生育期5月上旬至8月上旬。该品种作为大白芸豆的一种，淀粉和蛋白质含量高，口感软糯可口。农家栽培方式一般不施用化肥、农药，抗病、抗虫性较好。在当地具有悠久的栽培历史。

16. 花腰豆

采集编号：P152223034

采集地点：兴安盟扎赉特旗努文木仁乡乌日和其村

地方品种，具有优质、耐热的特性。生育期5月下旬至7月下旬。该品种种子呈肾形，且全身布满红色的花纹，生长期短，60天左右可成熟。需熟食，生食有毒，可用花腰豆煮粥、煮菜食用，营养丰富。

17. 黄金勾豆角

采集编号：P152224029

采集地点：兴安盟突泉县六户乡巨合村

地方品种，具有优质、耐贫瘠的特性。生育期5月中旬至9月中旬。该品种外表金黄，口感好，细腻而柔和，营养价值高。

18. 红芸豆

采集编号：P152624001

采集地点：乌兰察布市卓资县梨花镇福胜村

地方品种，具有优质、抗旱、耐贫瘠的特性。生育期5月下旬至8月下旬。该品种对土质的要求不严格，低投入高产出；比较耐冷，忌高温；根系发达，能耐一定程度的干旱，对土壤无特殊要求。

19. 红莲豆

采集编号：P152628023

采集地点：乌兰察布市丰镇市南城区街道新城湾村

地方品种，具有高产、优质、抗病、抗虫、抗旱、耐贫瘠的特性。生育期5月中旬至9月下旬。该品种株高150～200厘米，茎绿色，花白色，荚长10～12厘米，籽粒扁长，种皮红色光亮，表面光滑。

第三节　豇　豆

一、概述

豇豆（*Vigna unguiculata*）是豆科豇豆属一年生草本植物，以使用种子为主。豇豆原产印度和缅甸，汉代时传入中国，现在全国大部分地区均有栽种。豇豆耐高温，属于短日性作物，喜强光，光照弱时易落花落荚，耐旱力较强，但不耐涝，选择土壤肥沃、疏松的地区种植。

《本草纲目》载豇豆"理中益气，补肾健胃，和五脏，调营卫，生精髓。止消渴，吐逆，泄痢，小便数，解鼠莽毒"。豇豆含有易为人体所吸收的优质蛋白质，能够平衡胆碱酯酶活性，有帮助消化、增进食欲的功效，抑制病毒，提高机体的免疫能力。明代《救荒本草》中记载："豇豆苗今处处有之，人家田园中多种，就地拖秧而生，亦延篱落。"表达了豇豆自古以来就受到劳动人民的喜爱。

二、种质资源分布

本次普查与征集共获得豇豆种质资源90份，分布在10个盟（市）的39个旗（县、市、区）（表6-5、表6-6）。

表 6-5　普查与征集获得豇豆种质资源分布情况

序号	盟（市）	旗（县、市、区）	种质资源数量
1	呼和浩特市	玉泉区、赛罕区、土默特左旗、托克托县、和林格尔县、清水河县	11
2	包头市	石拐区、白云鄂博矿区、九原区、土默特右旗	16
3	兴安盟	科尔沁右翼中旗、突泉县	6
4	通辽市	霍林郭勒市、科尔沁区、科尔沁左翼后旗、科尔沁左翼中旗、库伦旗、扎鲁特旗	13
5	赤峰市	阿鲁科尔沁旗、巴林左旗、林西县、翁牛特旗、喀喇沁旗、敖汉旗	17
6	乌兰察布市	凉城县	1
7	鄂尔多斯市	伊金霍洛旗、达拉特旗、杭锦旗、鄂托克前旗、准格尔旗	12
8	巴彦淖尔市	临河区、磴口县、乌拉特前旗、乌拉特中旗、杭锦后旗	10
9	乌海市	海南区、乌达区	2
10	呼伦贝尔市	阿荣旗、扎兰屯市	2

表 6-6　普查与征集获得豇豆种质资源特征信息

序号	旗（县、市、区）	种质名称	播种期	收获期	主要特性
1	玉泉区	豇豆	5月上旬	9月中旬	高产，优质，抗病，耐盐碱，抗旱，广适
2	玉泉区	五月鲜地豆	5月上旬	9月中旬	高产，优质，耐盐碱，广适
3	赛罕区	红豇豆	5月中旬	9月下旬	优质，抗病，耐盐碱，抗旱，耐贫瘠
4	赛罕区	粉豇豆	5月中旬	9月下旬	优质，抗病，耐盐碱，抗旱，耐贫瘠
5	土默特左旗	小红豆	5月下旬	8月下旬	优质，抗病，抗虫，耐盐碱，抗旱，广适，耐贫瘠
6	土默特左旗	红豇豆	5月上旬	9月下旬	优质，抗病，抗虫，耐盐碱，抗旱，广适，耐贫瘠
7	托克托县	红豆	5月下旬	9月下旬	高产，优质，抗旱，耐热
8	托克托县	小红豇豆	5月上旬	9月中旬	优质，抗病，抗旱，耐贫瘠

（续表）

序号	旗（县、市、区）	种质名称	播种期	收获期	主要特性
9	和林格尔县	老豇豆	5月上旬	9月中旬	高产，优质，抗旱，耐寒，耐贫瘠
10	和林格尔县	红豇豆	5月上旬	9月中旬	高产，优质，抗旱，耐寒，耐贫瘠
11	清水河县	豇豆	5月下旬	9月上旬	高产，抗病，抗虫，抗旱，耐寒，耐涝，耐贫瘠，耐热
12	石拐区	地豆	5月上旬	7月下旬	高产，优质，广适
13	石拐区	黄金夹	5月上旬	9月下旬	优质，广适，耐贫瘠
14	石拐区	架豆王	5月上旬	9月下旬	优质，广适，耐贫瘠
15	石拐区	白不老	5月上旬	9月下旬	优质，广适，耐贫瘠
16	石拐区	花皮豆	5月上旬	9月下旬	优质，广适，耐贫瘠
17	石拐区	白棒豆	5月上旬	9月下旬	优质，广适，耐贫瘠
18	石拐区	红金钩	5月上旬	9月下旬	优质，广适，耐贫瘠
19	白云鄂博矿区	白云豆角	5月中旬	7月下旬	高产，优质，广适
20	九原区	哈林格尔架豆角	5月中旬	7月下旬	高产，抗病，广适
21	九原区	红豇豆	5月中旬	9月中旬	抗病，广适
22	九原区	黑豇豆	5月中旬	9月中旬	抗病，广适
23	九原区	白地豆	5月中旬	9月中旬	抗病，广适
24	土默特右旗	白庙黑地豆	5月中旬	9月下旬	高产，优质，广适
25	土默特右旗	美岱召豆角	5月中旬	9月下旬	高产，优质，广适
26	土默特右旗	绿条架豆角	5月中旬	9月中旬	高产，优质，广适，耐热
27	土默特右旗	白条架豆角	5月中旬	9月中旬	高产，优质，广适，耐热
28	科尔沁右翼中旗	豇豆	6月上旬	9月下旬	优质，广适，耐贫瘠
29	科尔沁右翼中旗	爬豆	5月下旬	9月下旬	优质，抗旱
30	突泉县	豇豆	6月上旬	7月中旬	高产，优质，其他
31	突泉县	猫眼豆	5月下旬	7月上旬	高产，抗病
32	突泉县	黑吉豆	5月上旬	8月下旬	高产，优质，抗病，抗旱
33	突泉县	藜豆	5月上旬	8月下旬	优质，抗病，耐贫瘠
34	霍林郭勒市	鹰眼饭豆	5月下旬	9月下旬	高产，优质，抗旱，耐寒

（续表）

序号	旗（县、市、区）	种质名称	播种期	收获期	主要特性
35	霍林郭勒市	家雀蛋	5月下旬	9月下旬	高产，优质，抗旱，耐寒
36	霍林郭勒市	长豇豆	5月上旬	7月下旬	高产，优质，抗旱，耐寒，耐贫瘠
37	科尔沁区	花腰子豇豆	5月上旬	7月上旬	高产，优质，抗病，抗旱，广适
38	科尔沁左翼后旗	恰克图爬豆	5月中旬	9月下旬	高产，优质，抗病，抗旱，耐寒
39	科尔沁左翼后旗	翻白眼豇豆	5月中旬	9月中旬	优质，抗旱，广适，耐贫瘠
40	科尔沁左翼中旗	花粒豇豆	5月中旬	9月下旬	高产，优质，抗旱
41	科尔沁左翼中旗	老爬豆	5月中旬	9月上旬	高产，优质，抗病，抗旱，广适
42	库伦旗	达林稿红豇豆	5月上旬	9月下旬	优质，抗旱
43	库伦旗	花粒豇豆	5月上旬	9月中旬	高产，优质，抗旱
44	库伦旗	小粒花豇豆	5月上旬	9月中旬	高产，优质，抗旱，耐贫瘠
45	扎鲁特旗	黄花山饭豆	5月中旬	9月下旬	高产，优质，抗旱，广适
46	扎鲁特旗	老爬豆	5月上旬	9月下旬	高产，优质，抗病，抗虫，抗旱，广适，耐寒
47	阿鲁科尔沁旗	天山大明绿	6月中旬	9月下旬	抗旱
48	阿鲁科尔沁旗	小黄绿豆	5月下旬	9月中旬	其他
49	巴林左旗	豇豆	5月下旬	9月上旬	其他
50	巴林左旗	猫耳朵豆角	5月下旬	7月下旬	优质，广适，耐贫瘠
51	巴林左旗	油豆角	5月下旬	7月中旬	优质，抗病，抗旱，耐贫瘠
52	巴林左旗	青扎豆	5月下旬	7月上旬	优质，抗病，抗虫，耐贫瘠
53	林西县	长丰架豆	6月中旬	8月上旬	优质，抗旱
54	林西县	一尺青	6月下旬	8月上旬	高产，优质，耐寒，耐贫瘠
55	林西县	黄金条	6月中旬	8月上旬	高产，抗旱
56	翁牛特旗	豇豆	5月上旬	7月下旬	其他
57	喀喇沁旗	花豆	5月中旬	9月下旬	高产，优质
58	喀喇沁旗	豇豆	5月下旬	9月上旬	高产，优质
59	喀喇沁旗	大粒红豇豆	5月下旬	9月上旬	高产，优质

（续表）

序号	旗（县、市、区）	种质名称	播种期	收获期	主要特性
60	喀喇沁旗	黑粒花芸豆	5月下旬	9月上旬	高产，优质
61	敖汉旗	豆角	5月中旬	10月下旬	抗旱，耐贫瘠
62	敖汉旗	豇豆	5月中旬	9月下旬	抗旱，耐贫瘠
63	敖汉旗	豇豆（翻白眼）	5月上旬	9月下旬	抗旱，耐贫瘠
64	凉城县	豇豆	5月中旬	9月下旬	抗旱
65	伊金霍洛旗	豇豆	3月中旬	8月下旬	广适
66	伊金霍洛旗	老豆角	4月上旬	8月中旬	优质
67	达拉特旗	白豆角	5月中旬	7月下旬	高产，优质，广适
68	达拉特旗	麻豇豆	5月上旬	8月下旬	抗旱，耐贫瘠
69	杭锦旗	红豇豆	5月中旬	9月下旬	抗旱，耐寒，耐贫瘠
70	杭锦旗	白豇豆	5月中旬	9月下旬	抗旱，耐寒，耐贫瘠
71	鄂托克前旗	豆角	5月上旬	9月下旬	优质，抗病，抗虫，耐盐碱，抗旱，耐贫瘠
72	准格尔旗	红小豆	5月中旬	10月上旬	高产，优质，抗旱
73	准格尔旗	花豇豆	5月中旬	10月上旬	高产，优质，抗旱
74	准格尔旗	肾形白豇豆	5月上旬	9月下旬	高产，优质，抗病，抗旱，耐贫瘠
75	准格尔旗	准格尔旗黄豇豆	5月下旬	9月中旬	高产，优质，抗病，抗虫，抗旱，耐贫瘠
76	准格尔旗	粉白豇豆	5月中旬	9月下旬	高产，优质，抗病，抗虫，耐盐碱，抗旱，广适，耐贫瘠
77	临河区	民丰豇豆	5月中旬	7月下旬	优质，耐盐碱，广适，耐贫瘠
78	临河区	临河豇豆	5月中旬	8月中旬	优质，耐盐碱，广适，耐贫瘠
79	磴口县	磴口芸豆	4月下旬	8月上旬	优质，广适
80	磴口县	磴口白豇豆	4月下旬	7月下旬	抗旱，耐热
81	乌拉特前旗	苏独仑豇豆	5月上旬	8月下旬	优质，广适，耐贫瘠
82	乌拉特中旗	石哈河绿豆	5月中旬	9月下旬	优质，抗旱，广适，耐寒
83	乌拉特中旗	温更豇豆	5月中旬	9月下旬	优质，抗病，抗虫，抗旱，耐贫瘠
84	乌拉特中旗	石哈河红豇豆	5月中旬	9月上旬	高产，优质，抗病，抗虫，抗旱，耐贫瘠

（续表）

序号	旗（县、市、区）	种质名称	播种期	收获期	主要特性
85	乌拉特中旗	石哈河紫豇豆	5月中旬	9月上旬	高产，优质，抗病，抗虫，抗旱，耐贫瘠
86	杭锦后旗	头道桥豇豆	4月下旬	7月下旬	优质，耐贫瘠
87	海南区	巴镇豇豆	4月中旬	8月下旬	高产，抗病，抗虫，抗旱，广适，耐寒，耐热
88	乌达区	乌达富民豆角	4月上旬	7月上旬	高产，优质，抗病，广适，耐贫瘠
89	阿荣旗	农家花粒大豇豆	5月上旬	7月上旬	高产，抗病
90	扎兰屯市	早熟红粒豇豆	5月上旬	7月上旬	高产，抗病

三、优异种质资源

1. 五月鲜地豆

采集编号：P150104004

采集地点：呼和浩特市玉泉区小黑河镇田家营村

地方品种，具有抗高产、优质、耐盐碱、广适的特性。生育期5月上旬至9月中旬。适口性好，结荚能力强，产量较高，抗盐碱能力强。

2. 红豇豆

采集编号：P150121058

采集地点：呼和浩特市土默特左旗敕勒川镇瓜房村

地方品种，具有优质、抗病、抗虫、耐盐碱、抗旱、广适、耐贫瘠的特性。生育期5月上旬至9月下旬。抗病、耐盐碱能力强，品质优，适应性广，可大田、大棚、门庭院落种植。

3. 小红豇豆

采集编号：P150122036

采集地点：呼和浩特市托克托县新营子镇苗家窑子村

地方品种，具有优质、抗病、抗旱、耐贫瘠的特性。生育期5月上旬至9月中旬。籽粒小，产量一般，主要制作豆馅，口感好。

4. 红豇豆

采集编号：P150123041

采集地点：呼和浩特市和林格尔县黑老夭田家窑村

地方品种，具有高产、优质、抗旱、耐寒、耐贫瘠的特性。生育期5月上旬至9月中旬。茎有矮性、半蔓性和蔓性3种，顶生小叶菱状卵形，长5～13厘米，宽4～7厘米，顶端急尖，基部近圆形或宽楔形，两面无毛；侧生小叶斜卵形，托叶卵形，长约1厘米，着生处下延成一短距，萼钟状；花冠淡紫色。花柱上部里面有淡黄色须毛，荚果线形，长可达40厘米，花果期6—9月。红豇豆是旱地作植物，生长在土层深厚、疏松、保肥保水性强的肥沃土壤。

5. 白云豆角

采集编号：P150206005

采集地点：包头市白云鄂博矿区矿山路街道

地方品种，具有高产、优质、广适的特性。生育期5月中旬至7月下旬。植株生长势强，分枝多而强，株高3～4米。叶大而密，耐热抗病，适越夏栽培。荚扁宽肥厚，质嫩，稍迟收1～2天也不影响品质，晚熟丰产。上部结荚多，中下部荚少。

6. 哈林格尔架豆角

采集编号：P150207007

采集地点：包头市九原区哈林格尔镇打不气村

地方品种，具有高产、抗病、广适的特性。生育期5月中旬至7月下旬。嫩豆荚肉质肥厚，炒食脆嫩，也可烫后凉拌或腌泡。豆荚长而像管状，质脆而身软。

7. 白条架豆角

采集编号：P150221040

采集地点：包头市土默特右旗美岱召镇北卜子村

地方品种，具有高产、优质、广适、耐热的特性。生育期5月中旬至9月中旬。花期5—8月。其能耐高温，不耐霜冻，根系发达，耐旱，但要求有适量的水分。

8. 豇豆

采集编号：P152222019

采集地点：兴安盟科尔沁右翼中旗额木庭高勒苏木拉拉屯嘎查

地方品种，具有优质、广适、耐贫瘠的特性。生育期6月上旬至9月下旬。适应性广，产品品质优，产品做豆馅香、沙。

9. 爬豆

采集编号：P152222039

采集地点：兴安盟科尔沁右翼中旗巴彦茫哈苏木巴彦温都尔嘎查

地方品种，具有优质、抗旱的特性。生育期5月下旬至9月下旬缠绕、草质藤本或近直立草本。

10. 猫眼豆

采集编号：P152224014

采集地点：兴安盟突泉县六户镇向阳村

地方品种，具有高产、抗病的特性。生育期5月下旬至7月上旬。口感好，含有较高的蛋白质和多种维生素，内蒙古兴安盟地区特有的一种优质菜豆品种。

11. 鹰眼饭豆

采集编号：P150581025

采集地点：通辽市霍林郭勒市达来胡硕苏木巴润布尔嘎斯台嘎查

地方品种，具有高产、优质、抗旱、耐寒的特性。生育期5月下旬至9月下旬。农家多年种植，自留品种，豆粒灰白底黑色条纹，似老鹰眼睛。

12. 家雀蛋

采集编号：P150581026

采集地点：通辽市霍林郭勒市达来胡硕苏木巴润布尔嘎斯台嘎查

地方品种，具有高产、优质、抗旱、耐寒的特性。生育期5月下旬至9月下旬。农家多年种植，自留品种，豆粒灰白底紫色斑点纹，籽粒较大，似麻雀蛋。

13. 花腰子豇豆

采集编号：P150502038

采集地点：通辽市科尔沁区大林镇青龙山村

地方品种，具有高产、优质、抗病、抗旱、广适的特性。生育期5月上旬至7月上旬。经过多年留种选育而成的农家种。植株矮小，半直立，荚长一般15厘米，嫩荚向上直立，成熟下垂，种子椭圆。籽粒一般用作主食，如与大米一起做饭或粥，也是制豆沙和做糕点的好原料；其纤维比苜蓿的更易消化，是家畜的优良蛋白质饲料。枝叶繁茂，覆盖度高，也是优良的前作和绿肥。

14. 恰克图爬豆

采集编号：P150522006

采集地点：通辽市科尔沁左翼后旗朝鲁吐镇恰克图嘎查

地方品种，具有高产、优质、抗病、抗旱、耐寒的特性。生育期5月中旬至9月下旬。多年种植留种选育出的优良品质农家种，鲜嫩豆荚可以食用，用作蔬菜，成熟豆荚收获种子，干种子可以煮粥、煮饭、制酱、制粉。豆粒小而细长，熬煮易烂，口感比红豆更沙甜，淀粉含量比一般豆子高，豆沙甜糯沙软，可用来煮粥，或是做甜汤稀饭和点心的馅料。

15. 黄花山饭豆

采集编号：P150526032

采集地点：通辽市扎鲁特旗黄花山镇黄花山农场

地方品种，具有高产、优质、抗旱、广适的特性。生育期5月中旬至9月下旬。多年留种选育出的品质优良农家种。籽粒与大米同煮做饭或单煮豆粒食用，亦可制豆馅，幼苗和嫩荚可作蔬菜。茎、叶、籽粒均为优良饲料。生长快，枝叶繁茂，是良好的绿肥和覆盖作物，也可种植在庭院或住宅四周作绿色篱笆。

16. 老爬豆

采集编号：P150526041

采集地点：通辽市扎鲁特旗乌额格其苏木胡杰嘎查

地方品种，具有高产、优质、抗病、抗虫、抗旱、广适、耐寒的特性。生育期5月上旬至9月下旬。多年种植留种选育出的优良品质农家种，鲜嫩豆荚可以食用，用作蔬菜，成熟豆荚收获种子，干种子可以煮粥、煮饭、制酱、制粉。豆粒小而细长，熬煮易烂，口感比红豆更沙甜，淀粉含量比一般豆子高，豆沙甜糯沙软，可用来煮粥，或是做甜汤稀饭和点心的馅料；富含蛋白质、多种维生素，营养价值较高。

17. 长豇豆

采集编号：P150581050

采集地点：通辽市霍林郭勒市达来胡硕苏木查格达村

地方品种，具有高产、优质、抗旱、耐寒、耐贫瘠的特性。生育期5月上旬至7月下旬。主要用于鲜食豆荚，可炒食，也可凉拌，味道鲜美。嫩豆荚还可用于腌泡、速冻、干制等。干种子还可以煮粥、煮饭。

18. 豆角

采集编号：P150623012

采集地点：鄂尔多斯市鄂托克前旗敖勒召其镇

地方品种，具有优质、抗病、抗虫、耐盐碱、抗旱、耐贫瘠的特性。生育期 5 月上旬至 9 月下旬。一年生缠绕、草质藤本。

19. 温更豇豆

采集编号：P150824031

采集地点：巴彦淖尔市乌拉特中旗温更镇

地方品种，具有优质、抗病、抗虫、抗旱、耐贫瘠的特性。生育期 5 月中旬至 9 月上旬。新鲜的豆子呈浅红色，陈年的豆子颜色更加鲜艳。一年生缠绕、近直立草本植物，当地人民喜爱蒸馒头或者年糕时，将其做馅料。

20. 乌达富民豆角

采集编号：P150304009

采集地点：乌海市乌达区乌兰淖尔镇富民社区

地方品种，具有高产、优质、抗病、广适、耐贫瘠的特性。生育期 4 月上旬至 7 月上旬。炒食脆嫩，豆荚长而像管状，质脆而身软，

21. 早熟红粒豇豆

采集编号：P150783045

采集地点：呼伦贝尔市扎兰屯市成吉思汗镇红升村

地方品种，具有高产、抗病的特性。生育期 5 月上旬至 7 月上旬。一年生草本植物，蔓生缠绕，三出复叶互生，叶柄长，无毛。叶片全缘，基部阔楔形或圆形，顶端渐尖锐。叶面光滑无毛，叶长 7 ～ 14 厘米，具卵状披针形的小托叶。总状花序腋生，花冠白色。荚果长圆筒形，梢弯曲，顶端厚而钝，直立向上或下垂，长 30 厘米左右，成熟时为黄白色。种子红色，肾形，千粒重 130 克。

第四节　多花菜豆

一、概述

多花菜豆（*Phaseolus coccineus*）是豆科菜豆属多年生草本植物，因其花

多而得名，以食用籽粒为主。具有粮食、蔬菜、饲料、肥料和观赏等用途。起源于墨西哥或中美洲，中国云南、贵州、四川等地早有栽培。一般食用干豆粒，调制方法多样，煮食、制汤、制糕点、豆馅、罐头等，嫩荚作蔬菜，茎叶作牲畜饲料。

二、种质资源分布

本次普查与征集共获得多花菜豆种质资源 3 份，分布在 3 个盟（市）的 3 个旗（县、市、区）（表 6-7、表 6-8）。

表 6-7　普查与征集获得多花菜豆种质资源分布情况

序号	盟（市）	旗（县、市、区）	种质资源数量
1	兴安盟	突泉县	1
2	乌兰察布市	卓资县	1
3	巴彦淖尔市	乌拉特中旗	1

表 6-8　普查与征集获得多花菜豆种质资源特征信息

序号	旗（县、市、区）	种质名称	播种期	收获期	主要特性
1	突泉县	看豆	5 月中旬	8 月下旬	高产、优质、抗旱
2	卓资县	大黑花芸豆	5 月下旬	9 月上旬	高产、耐贫瘠
3	乌拉特中旗	石哈河红花菜豆	5 月中旬	9 月下旬	高产、优质、抗病，抗虫、抗旱、耐寒、耐贫瘠

三、优异种质资源

1. 看豆

采集编号：P152224020

采集地点：兴安盟突泉县六户镇

地方品种，常栽培供观赏，其豆较大而味美。

2. 大黑花芸豆

采集编号：P152624032

采集地点：乌兰察布市卓资县梨花镇

地方品种，具有高产、耐贫瘠的特性，果实粒大，种子颜色黑花色。适宜做豆馅。

3.石哈河红花菜豆

采集编号：P150824044

采集地点：巴彦淖尔市乌拉特中旗石哈河镇

地方品种，具有高产、优质、抗病、抗虫、抗旱、耐寒、耐贫瘠的特性。植株喜光、喜温暖湿润，在整个生长期内，植株陆续开花和结果。籽粒较大、饱满，可做凉菜食用。

第五节　饭　豆

一、概述

饭豆（*Vigna umbellata*）是豆科豇豆属一年生草本植物，别名赤小豆，以种子为食。饭豆有较强的适应能力，对土壤要求不高，耐瘠薄，黏土、沙土都能生长，道路、山地均可种植，既耐涝，又耐旱，晚种早熟，生育期短。

二、资源分布

本次普查与征集共获得饭豆种质资源 1 份，分布在 1 个盟（市）的 1 个旗（县、市、区）。

表 6-9　普查与征集获得饭豆种质资源分布情况

序号	盟（市）	旗（县、市、区）	种质资源数量
1	兴安盟	扎赉特旗	1

表 6-10　普查与征集获得饭豆种质资源特征信息

序号	旗（县、市、区）	种质名称	播种期	收获期	主要特性
1	扎赉特旗	红饭豆	5 月中旬	10 月上旬	优质，广适

三、优异种质资源

红饭豆

采集编号：P152223007

采集地点：兴安盟扎赉特旗音德尔镇阿拉坦花嘎查

地方品种，生育日数 90 天左右，株高 41～44 厘米，种子百粒重 45.9～47 克，当地多用来做豆馅、豆糕，口感香甜，还具通乳生乳、减肥瘦身、缓解贫血等功效。

第六节　鹰嘴豆

一、概述

鹰嘴豆（*Cicer arietinum*）是豆科鹰嘴豆属一年生或多年生草本植物，以食用种子为主。鹰嘴豆营养成分全，含量高。籽粒含蛋白质 23.0%、碳水化合物 63.5%、脂肪 5.3%。此外，还含有丰富的膳食纤维、微量元素和维生素。鹰嘴豆可同小麦一起磨成混合粉做主食用，可改善食品的营养价值，又不破坏其风味和物理结构。鹰嘴豆粉加奶粉制成豆乳粉，籽粒可以做豆沙、煮豆、炒豆、油炸豆或罐头食品。鹰嘴豆的青嫩豆粒、嫩叶均可作蔬菜。分布于亚洲、非洲、美洲等地。中国甘肃、青海、新疆、陕西、山西、河北、山东、台湾、内蒙古等地引种栽培。

二、资源种质分布

本次普查与征集共获得鹰嘴豆种质资源 1 份，分布在 1 个盟（市）的 1 个旗（县、市、区）（表 6-11、表 6-12）。

表 6-11　普查与征集获得鹰嘴豆种质资源分布情况

序号	盟（市）	旗（县、市、区）	种质资源数量
1	乌兰察布市	化德县	1

表 6-12　普查与征集获得鹰嘴豆种质资源特征信息

序号	旗（县、市、区）	种质名称	播种期	收获期	主要特性
1	化德县	鹰嘴豆	4 月下旬	9 月中旬	抗旱，广适

三、优异种质资源

鹰嘴豆

采集编号：P150922014

采集地点：乌兰察布市化德县朝阳镇八岱脑包村

地方品种，具有抗旱、广适的特性。生育期 4 月下旬至 9 月中旬。

第七节　蚕　豆

一、概述

蚕豆（*Vicia faba*）是豆科野豌豆属一年生草本植物，以食用种子为主，别名罗汉豆、佛豆。蚕豆在仲夏时收获，可增加市场蔬菜种类，嫩豆粒适冷冻和罐藏。干豆粒含多量蛋白质，可加工制作粉丝、酱油和糕饼等，并可做成美味的怪味豆和油炸兰花豆等。小粒蚕豆作粮用或精饲料。茎、叶可作饲料或绿肥。蚕豆开花早，花香浓郁，是很好的蜜源植物。茎、叶、花和壳皮等均可入药，有健脾利湿、凉血止血和治水肿等功效。蚕豆生长期较短，茎直立，株型紧凑，适与玉米、棉花和蔬菜进行间作套种，或在田边、隙地点种。

蚕豆的起源地比较广，普遍认为，里海南部到伊朗是栽培种小粒蚕豆的起源地，地中海沿岸及非洲北部的野生型蚕豆是栽培种大粒蚕豆的祖先。以后蚕豆经多条途径逐渐由原产地传到欧洲、亚洲和南美洲各地。目前世界上以亚洲和地中海沿岸国家栽培蚕豆最多。栽培的北部限界为北纬 63°。我国于汉代时由张骞引入蚕豆，当时作为祭品。菜用蚕豆以长江流域各省和西南地区栽培较多，其他各省栽培面积较小，西北高原地区主要栽培粮用和饲用蚕豆。

蚕豆含有蚕豆嘧啶葡糖苷和伴蚕豆嘧啶核苷，极少数人对这类物质敏感，多食鲜蚕豆或吸入蚕豆花粉后可引起溶血性贫血症。

二、种质资源分布

本次普查与征集共获得蚕豆种质资源 53 份，分布在 10 个盟（市）的 39 个旗（县、市、区）（表 6-13、表 6-14）。

表 6-13　普查与征集获得蚕豆种质资源分布情况

序号	盟（市）	旗（县、市、区）	种质资源数量
1	呼和浩特市	赛罕区、土默特左旗、和林格尔县、清水河县、武川县	7

（续表）

序号	盟（市）	旗（县、市、区）	种质资源数量
2	包头市	东河区、石拐区、固阳县、达尔罕茂明安联合旗	5
3	赤峰市	巴林右旗、克什克腾旗、翁牛特旗、宁城县、敖汉旗	5
4	锡林郭勒盟	苏尼特左旗、镶黄旗、正镶白旗	3
5	乌兰察布市	化德县、兴和县、凉城县、察哈尔右翼后旗、四子王旗、卓资县、丰镇市、察哈尔右翼前旗	16
6	鄂尔多斯市	伊金霍洛旗、达拉特旗、准格尔旗	3
7	巴彦淖尔市	五原县、乌拉特后旗	2
8	乌海市	乌达区	1
9	阿拉善盟	阿拉善左旗	1
10	呼伦贝尔市	新巴尔虎右旗、海拉尔区、鄂伦春自治旗、陈巴尔虎旗、扎赉诺尔区、扎兰屯市、根河市	10

表6-14　普查与征集获得蚕豆种质资源特征信息

序号	旗（县、市、区）	种质名称	播种期	收获期	主要特性
1	赛罕区	小粒蚕豆	5月上旬	9月下旬	高产，优质，抗病，耐盐碱，抗旱，耐寒，耐贫瘠
2	土默特左旗	本地蚕豆	5月下旬	9月中旬	高产，优质，抗病，抗虫，耐盐碱，抗旱，广适，耐寒，耐贫瘠
3	土默特左旗	蓝箭箭筈豌豆	5月上旬	9月中旬	高产，优质，抗旱，耐寒，耐贫瘠
4	土默特左旗	川北箭筈豌豆	5月上旬	9月中旬	高产，优质，抗旱，耐寒，耐贫瘠
5	和林格尔县	野豌豆	5月上旬	9月上旬	优质，抗病，耐寒
6	清水河县	蚕豆	5月下旬	9月上旬	抗病，抗虫，抗旱，耐贫瘠
7	武川县	蚕豆	4月中旬	9月下旬	高产，抗旱，耐贫瘠
8	东河区	东河蚕豆	5月中旬	9月下旬	优质，抗病，抗虫，广适
9	石拐区	石拐蚕豆	5月上旬	9月下旬	优质，广适，耐贫瘠
10	固阳县	大蚕豆	5月中旬	9月上旬	优质，广适
11	固阳县	下湿壕蚕豆	5月中旬	9月上旬	抗旱，广适

（续表）

序号	旗（县、市、区）	种质名称	播种期	收获期	主要特性
12	达尔罕茂明安联合旗	达茂旗蚕豆	4月下旬	8月中旬	高产，优质，抗病，抗虫，耐盐碱，抗旱，广适，耐寒，耐贫瘠
13	巴林右旗	常兴蚕豆	5月上旬	8月下旬	优质，抗病，抗虫，抗旱，广适
14	克什克腾旗	小蚕豆	5月下旬	8月上旬	抗虫，耐寒，耐贫瘠
15	翁牛特旗	竖豆籽	5月中旬	9月中旬	耐热
16	宁城县	蚕豆	5月中旬	9月下旬	其他
17	敖汉旗	树豆	5月中旬	9月下旬	耐贫瘠
18	苏尼特左旗	野豌豆	5月中旬	9月中旬	优质
19	镶黄旗	野豌豆	5月中旬	9月中旬	广适
20	正镶白旗	马牙蚕豆	5月中旬	9月中旬	抗旱
21	化德县	蚕豆	4月中旬	9月中旬	广适，耐寒
22	兴和县	小蚕豆	5月上旬	9月下旬	抗旱
23	兴和县	蚕豆	5月中旬	9月中旬	高产，抗病，抗旱
24	凉城县	蚕豆	5月下旬	9月中旬	优质，耐寒
25	凉城县	老蚕豆	5月上旬	9月中旬	优质，耐贫瘠
26	察哈尔右翼后旗	白蚕豆	5月中旬	9月上旬	高产，优质，抗旱，广适
27	四子王旗	小蚕豆	6月上旬	9月上旬	优质，抗病，抗旱，耐寒，耐贫瘠
28	四子王旗	大马牙蚕豆	5月下旬	9月上旬	高产，优质，耐寒，耐贫瘠
29	四子王旗	野豌豆	5月中旬	9月中旬	优质，抗旱，耐寒
30	卓资县	蚕豆	5月下旬	8月下旬	优质，抗病，抗旱，耐寒，耐贫瘠
31	卓资县	本地蚕豆	5月下旬	9月下旬	耐寒，耐涝
32	丰镇市	蚕豆	5月下旬	8月下旬	高产，优质，抗病，抗虫，抗旱，耐贫瘠
33	丰镇市	蚕豆	5月下旬	8月下旬	高产，优质，抗病，抗虫，抗旱，耐贫瘠
34	丰镇市	小蚕豆	5月下旬	9月下旬	优质，抗病，抗虫，耐盐碱，抗旱，耐寒，耐贫瘠

（续表）

序号	旗（县、市、区）	种质名称	播种期	收获期	主要特性
35	丰镇市	蚕豆	5月下旬	9月下旬	优质，抗病，抗虫，耐盐碱，抗旱，耐涝，耐贫瘠
36	察哈尔右翼前旗	蚕豆	5月下旬	8月下旬	耐寒，耐贫瘠
37	伊金霍洛旗	蚕豆	3月下旬	9月中旬	优质
38	达拉特旗	小蚕豆	4月上旬	7月中旬	高产，优质，耐盐碱，耐贫瘠
39	准格尔旗	蚕豆	4月下旬	7月上旬	高产，优质，耐寒
40	五原县	农家蚕豆	4月中旬	8月下旬	优质，抗病，耐盐碱，广适，耐贫瘠
41	乌拉特后旗	友联蚕豆	3月上旬	6月下旬	广适
42	乌达区	乌达小粒蚕豆	3月中旬	7月中旬	高产，抗病，耐盐碱，抗旱，耐贫瘠
43	阿拉善左旗	乌尼格图蚕豆	4月下旬	7月上旬	高产，抗病，耐寒，耐贫瘠
44	新巴尔虎右旗	农家早熟蚕豆	5月下旬	8月下旬	优质，抗病，广适，耐寒
45	海拉尔区	极早熟小粒蚕豆	5月中旬	8月中旬	优质，抗病，广适，耐寒
46	鄂伦春自治旗	农家大粒绿皮蚕豆	5月中旬	8月下旬	优质，抗病，广适，耐寒
47	陈巴尔虎旗	早熟白皮蚕豆	5月下旬	8月下旬	优质，抗病，广适，耐寒
48	扎赉诺尔区	农家褐粒圆蚕豆	5月下旬	8月上旬	优质，抗病，耐寒
49	扎兰屯市	农家褐皮大扁瓣蚕豆	5月下旬	7月下旬	优质，抗病，耐寒
50	根河市	山野豌豆	5月中旬	9月中旬	高产，优质，耐寒
51	根河市	极早熟农家小黄粒蚕豆	5月下旬	7月下旬	优质，抗病，耐寒
52	根河市	极早熟农家小粒绿蚕豆	5月下旬	7月下旬	优质，抗病，耐寒
53	根河市	歪头菜	5月中旬	9月中旬	高产，优质，耐寒

三、优异资源

1. 达茂旗蚕豆

采集编号：P150223006

采集地点：包头市达尔罕茂明安联合旗乌克忽洞镇聚德新村

地方品种，具有高产、优质、抗病、抗虫、耐盐碱、抗旱、广适、耐寒、耐贫瘠的特性。生育期4月下旬至8月中旬。该品种主根短粗，多须根，根瘤粉红色，密集。茎粗壮，直立，直径0.7～1厘米，具四棱、中空、无毛。偶数羽状复叶，单株荚果7～8个，每荚平均2.5粒，百粒重90～100克。

2. 树豆

采集编号：P150430005

采集地点：赤峰市敖汉旗金厂沟粱镇四六地村

地方品种，具有耐贫瘠的特性。生育期5月中旬至9月下旬。该品种生长直立，白花，有限结荚习性，荚成熟时黑色。

3. 马牙蚕豆

采集编号：P152529046

采集地点：锡林郭勒盟正镶白旗星耀镇义合村

地方品种，具有抗旱的特性。生育期5月中旬至9月中旬。品种幼苗直立，浅绿色；株高135厘米左右，单株有效分枝数2.8个左右，有效分枝率80%；叶姿上举，株型紧凑。每节小花6～7朵，花序长1.3厘米左右，主茎结荚7.3层左右，主茎荚数9.2个左右，单株荚数约14.6个，单株有效荚约12.4个，实荚率81%。荚长约8厘米，荚宽约1.8厘米，单株双荚数约1.1个，每荚1.9粒左右。成熟荚黑褐色，籽粒乳白色；种子长约2.33厘米，单株粒数20粒左右，单株产量约26克，百粒重约135克；籽粒粗蛋白质28.20%，淀粉47.30%，粗脂肪1.48%。生育日数约129天，全生育期约166天。抗倒伏性中等；中抗轮纹病、褐斑病。

4. 老蚕豆

采集编号：P150925033

采集地点：乌兰察布市凉城县蛮汉镇东十号村

地方品种，具有优质、耐贫瘠的特性。生育期5月上旬至9月中旬。一年生草本，株高60～100厘米。主根短粗，多须根。茎粗壮，直立，直径0.7～1厘米，具四棱、中空、无毛。偶数羽状复叶，单叶长5～7厘米，宽3～4厘米。总状花序腋生，花梗近无；花萼钟形，萼齿披针形，下萼齿较长；花朵呈丛状着生于叶腋，花冠白色，具黑色斑晕，长2～3厘米。荚果肥厚，长5～7厘米，宽1.5～2厘米；表皮绿色被茸毛，内有白色海绵状，横隔膜，成熟后表皮变为黑色。种子2～3粒，长方圆形，长约16毫米，中间内凹，种皮革质，淡棕色略带绿色；种脐线形，黑色，中间有一白色条纹，位于种子一端。花期 6—7 月，果期 8 月。

5. 白蚕豆

采集编号：P150928035

采集地点：乌兰察布市察哈尔右翼后旗白音察干镇三义村

地方品种，具有高产、优质、抗旱、广适的特性。生育期 5 月中旬至 9 月上旬。植株高大，茎秆粗壮，分枝多，叶片肥厚较软，呈深绿色，叶背稍带白色，种子长扁圆形，皮厚粒大，每荚结实 2～3 粒。生育日数 100 天左右，耐水肥，抗病力强，易感斑螯。

6. 大马牙蚕豆

采集编号：P150929052

采集地点：乌兰察布市四子王旗东八号乡海宽堂村

地方品种，具有高产、优质、耐寒、耐贫瘠的特性。生育期 5 月下旬至 9 月上旬。该品种幼苗直立，浅绿色；株高 100 厘米左右，单株有效分枝数 3 个左右，有效分枝率 80%，生育日数 95 天左右。

7. 蚕豆

采集编号：P152624002

采集地点：乌兰察布市卓资县梨花镇福胜村

地方品种，具有优质、抗病、抗旱、耐寒、耐贫瘠的特性。生育期 5 月下旬至 8 月下旬。无序生长，富含营养及蛋白质，在病虫防控方向有重要的作用；耐 –4℃低温；需要水分较多；对土壤无特殊要求。

8. 小蚕豆

采集编号：P150621026

采集地点：鄂尔多斯市达拉特旗王爱召镇杨家营子村

地方品种，具有高产、优质、耐盐碱、耐贫瘠的特性。生育期 4 月上旬至 7 月中旬。花期较早，结荚位置低，荚小，不抗病。

9. 农家早熟蚕豆

采集编号：P150727033

采集地点：呼伦贝尔市新巴尔虎右旗阿拉坦额莫勒镇西庙嘎查

地方品种，具有优质、抗病、广适、耐寒的特性。生育期 5 月下旬至 8 月下旬。株高 50 厘米左右。叶互生，为偶数羽状复叶，小叶椭圆形，在基部互生，先端者为对生。花腋生，总状花序，花冠紫白色。每花序有 2～5 朵花，第 1～2 朵花一般能结荚，其后的花结荚率低。荚果肥厚，为扁圆筒形，种子间具海绵状横隔膜。种子扁圆形，种皮黄褐色，种脐黑色，千粒重900克。

10. 极早熟小粒蚕豆

采集编号：P150702050

采集地点：呼伦贝尔市海拉尔区哈克镇哈克村

地方品种，具有优质、抗病、广适、耐寒的特性。生育期5月中旬至8月中旬。生育日数70天。株高45厘米左右。每花序有2～5朵花，第1～2朵花一般能结荚，其后的花结荚率低。荚果肥厚，为扁圆筒形，种子间具海绵状横隔膜。种子扁圆形，种皮黄褐色，种脐黑色，千粒重400克。

11. 农家大粒绿皮蚕豆

采集编号：P150723046

采集地点：呼伦贝尔市鄂伦春自治旗大杨树镇镇郊

地方品种，具有优质、抗病、广适、耐寒的特性。生育期5月中旬至8月中旬。幼苗耐寒，极早熟。生育日数100天左右。株高50厘米左右。叶互生，为偶数羽状复叶，小叶椭圆形，在基部互生，先端者为对生。花腋生，总状花序，花冠紫白色。种子扁圆形，种皮绿色，种脐黑色。大籽粒蚕豆，千粒重1 340克。

12. 早熟白皮蚕豆

采集编号：P150725047

采集地点：呼伦贝尔市陈巴尔虎旗特泥河苏木场部

地方品种，具有优质、抗病、广适、耐寒的特性。生育期5月下旬至8月下旬。种子扁圆形，种皮乳白色，种脐黑色，千粒重870克。

13. 极早熟农家小黄粒蚕豆

采集编号：P150785048

采集地点：呼伦贝尔市根河市河西街道潮查林场

地方品种，具有优质、抗病、耐寒的特性。香味浓、口感好、高抗叶斑病。生育期5月下旬至7月下旬。种子椭圆形、稍扁，淡黄色，种脐黑色，千粒重940克。

14. 歪头菜

采集编号：P150785065

采集地点：呼伦贝尔市根河市河西街道潮查林场

地方品种，具有高产、优质、耐寒的特性。生育期5月中旬至9月中旬。

野生种质资源，株高 60～100 厘米。茎半直立，常数茎丛生，有棱，无毛。双数羽状复叶，具小叶 2；互生；托叶半边箭头形，长 6～8 毫米；小叶卵圆形，长 30～60 毫米，宽 20～35 毫米，先尖锐，基部楔形，全缘。总状花序腋生，比叶长，具 15～25 朵花，花蓝紫色，长 10～14 毫米；花萼钟状，疏生柔毛。旗瓣倒卵形，顶端微凹；子房无毛，花柱急弯，柱头头状。荚果矩圆状扁平，两端尖，长 20～30 毫米，宽 5 毫米左右，无毛，含种子 1～4 粒；种子圆形，乌黑色，千粒重 17 克。花期 6—7 月，果期 7—9 月。

附　图

白苏子

白糖柿子

卜留克

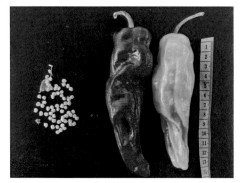

朝鲜大辣椒

朝鲜大辣椒

朝鲜大辣椒

朝鲜水果辣椒

朝鲜水果辣椒

朝鲜水果辣椒

朝鲜小辣椒 朝鲜小辣椒

朝鲜小辣椒 朝鲜小辣椒

达斡尔小萝葱

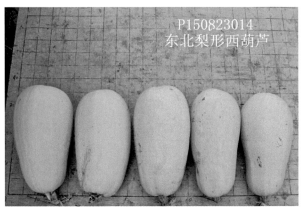

碰口雪里蕻　　　　　　　　　　　　东北梨形西葫芦

冬瓜　　　　　　　　　　　　　　　冬瓜

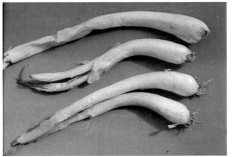

高寒鸡腿大葱　　　　　　　　　　　高寒鸡腿大葱

高寒鸡腿大葱

高寒越冬大叶菠菜

割茬菜茴香

割茬菜茴香

古城红辣椒

古城红辣椒

瓜茄

瓜茄

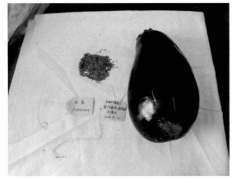

瓜茄

瓜茄

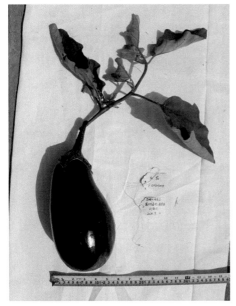

瓜茄

瓠子

花皮球

花皮球

花叶芥菜

黄太郎

极早熟农家大灰倭瓜

芥末　　　　　　　　　　　　　　韭菜

韭菜　　　　　　　　　　　　　　韭菜

韭菜

辣椒托县红（红灯笼）

辣椒托县红（红灯笼）

辣椒托县红（红灯笼）

辣椒托县红（红灯笼）

辣椒托县红（红灯笼）

老茄子

老茄子　　　　　　　　　　　　　　　龙江韭菜

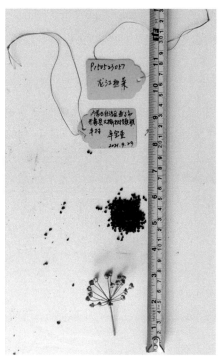

龙江韭菜　　　　　　　　　　　　　　龙江韭菜籽

绿皮南瓜   绿皮南瓜

农家布留克   农家春不老小白菜

农家大白籽绿倭瓜   农家大根头芥菜

农家短锥朝天小辣椒

农家高寒红皮大葱

农家高寒红皮大葱

农家高寒红皮大葱

农家高寒小叶茴香

农家黄胡萝

农家黄花红球柿子

农家角瓜

农家空心脆芹菜

农家老来白黄瓜

农家老来黄茄子

农家老来黄茄子

农家绿茎蓝

农家绿叶生菜

农家绿叶生菜

农家牛腿火葱

农家三棱黄瓜

农家西葫芦

农家小红水萝卜

农家越冬小戟叶刺菠菜

农家长香旱黄瓜

七寸红辣椒

七寸红辣椒

七寸红辣椒

七寸红辣椒

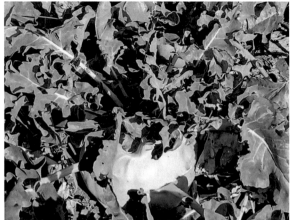

茄莲

石哈河紫皮蒜

石哈河紫皮蒜

石哈河紫皮蒜

石哈河紫皮蒜

丝瓜

四平小桃

饲用蔓菁

乌达耐旱丝瓜

乌加河蔓菁

五原黄柿子

五原黄柿子

五原黄柿子

五原黄柿子

香菜

雪里红

洋葱

洋葱

野苏子

永进绿茄

圆叶菠菜

早熟红黑花面瓜

早熟农家小绿倭瓜　　　　　　　早熟农家圆球灰倭瓜

贼不偷

紫甜菜